Mastercam 数控加工完全自学丛书

# 图解 Mastercam 2017 车铣复合编程实例

李小聪　编　著

机械工业出版社

本书共 4 章，第 1 章介绍了 Mastercam 2017 车铣复合编程的操作与应用技巧，如对简单后处理进行修改，使其在程序上机时能够更加符合机床要求；针对 FANUC 系统 NC 文件的一些修改，在上机时不会产生其他的问题等；第 2 ~ 4 章将工作中用到的两轴、三轴、四轴车铣复合真实实例进行了详细讲解，相关参数的设置可以对读者起到借鉴作用，为读者提供一个实际参考。通过本书的学习，能让读者更加深入地学习 Mastercam 车铣复合编程功能，并将学到的知识充分运用到工作当中。第 2 ~ 4 章实例部分含视频讲解，可通过手机浏览器扫描书上相应二维码观看。书中实例源文件可通过手机浏览器扫描前言中二维码获取。

　　本书适合从事数控技术的工程技术人员和相关专业学生学习使用。

**图书在版编目（CIP）数据**

图解Mastercam2017车铣复合编程实例/李小聪编著．—北京：
机械工业出版社，2022.11
（Mastercam数控加工完全自学丛书）
ISBN 978-7-111-71751-5

Ⅰ．①图… Ⅱ．①李… Ⅲ．①数控机床—车床—计算机辅助设计—应用软件
—教材 ②数控机床—铣床—计算机辅助设计—应用软件—教材　Ⅳ．①TG519.1
②TG547

中国版本图书馆CIP数据核字（2022）第186966号

机械工业出版社（北京市百万庄大街22号　邮政编码100037）
策划编辑：周国萍　　　　　　　责任编辑：周国萍　刘本明
责任校对：潘　蕊　李　婷　　　封面设计：马精明
责任印制：常天培
天津嘉恒印务有限公司印刷
2023年1月第1版第1次印刷
184mm×260mm · 13.25印张 · 326千字
标准书号：ISBN 978-7-111-71751-5
定价：59.00元

电话服务　　　　　　　　　　网络服务
客服电话：010-88361066　　　机　工　官　网：www.cmpbook.com
　　　　　010-88379833　　　机　工　官　博：weibo.com/cmp1952
　　　　　010-68326294　　　金　书　网：www.golden-book.com
**封底无防伪标均为盗版**　　机工教育服务网：www.cmpedu.com

# 前　　言

　　学以致用才是软件学习的最终目的，针对《图解 Mastercam 2017 车铣复合编程入门与精通》中实例较少，读者不能进一步应用提高，本书对此进行了一些补充，并附上部分内容的视频讲解，同时增加了一些在工作中用到的小技巧，这样可以更好地对所学知识进行深入的应用。

　　本书共 4 章，第 1 章介绍了 Mastercam 2017 车铣复合编程的操作与应用技巧，如对简单后处理进行修改，使其在程序上机时能够更加符合机床要求；针对 FANUC 系统 NC 文件的一些修改，在上机时不会产生其他的问题等；第 2 ～ 4 章将工作中用到的两轴、三轴、四轴车铣复合真实实例进行了详细讲解，相关参数的设置可以对读者起到借鉴作用，为读者提供一个实际参考。通过本书的学习，能让读者更加深入地学习 Mastercam 车铣复合编程功能，并将学到的知识充分运用到工作当中。第 2 ～ 4 章实例讲解部分含视频讲解，可通过手机浏览器扫描书上相应二维码观看。

　　本书特色：

　　1）针对性强。书中的各种实例来源于工厂加工图，能够让读者从中找到类似的工件，然后参照相应刀路，有利于解决加工中的问题

　　2）实践性强。所有实例都尽可能用简单的方法来解决相应问题，不会单纯追求所谓的编程技巧。

　　3）配置多媒体视频资源。为了满足广大读者的学习要求，对实例的某些实践性强的内容录制了视频讲解，可以更好地帮助读者理解一些编程参数的更改方法及其编程思路。

　　本书中的实例源文件请用手机浏览器扫描下面二维码下载获取。

　　本书适合具有一定编程基础的从事数控技术的工程技术人员和相关专业学生学习使用。

　　在本书的编写过程中得到了很多业内朋友的大力支持和帮助，在此表示感谢！由于编著者才疏学浅，工作繁忙，书中难免有些遗漏、错误和不足之处，希望读者朋友多多见谅。

编著者

# 目　录

# 第❶章 Mastercam 2017 车铣复合编程操作与应用技巧 »

本章主要将车铣复合编程中需要用到的一些小技巧做一个简单的讲解，以帮助读者应对工作中出现的一些问题。

## 1.1 如何将后处理出来的程序代码 IJK 更改为 R

因为后处理都是软件自带的，所以后处理出来的程序可能会不太适用，需要编程者对机床或者后处理进行一个小小的修改，以达到实际机床的要求。比如在车削编程中，后处理出来的程序圆弧表达式为 IJK（图 1-1），虽然上机没有什么问题，但如果刀具磨损了，修改起来会比较麻烦。

更改 IJK 时，需要重新计算坐标，非常麻烦，所以需要对输出方式进行更改。那这个 IJK 该怎么修改成 R 呢？需要用到机床定义里的控制定义，如图 1-2 所示。

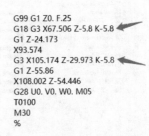

```
G99 G1 Z0. F.25
G18 G3 X67.506 Z-5.8 K-5.8
G1 Z-24.173
X93.574
G3 X105.174 Z-29.973 K-5.8
G1 Z-55.86
X108.002 Z-54.446
G28 U0. V0. W0. M05
T0100
M30
%
```

图 1-1 IJK 模式

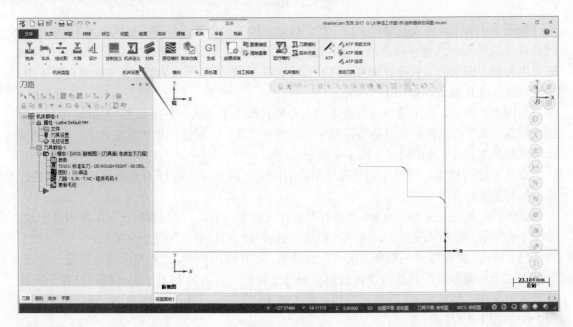

图 1-2 机床定义

如图 1-2 所示，需要将圆弧的输出方式改为半径。为了保证每次输出都为 R，需要进入机床定义，如果是更改当前的机床控制定义，不要直接从控制定义进入，需要先单击"机床定义"，再从中选取控制定义，如图 1-3 所示。

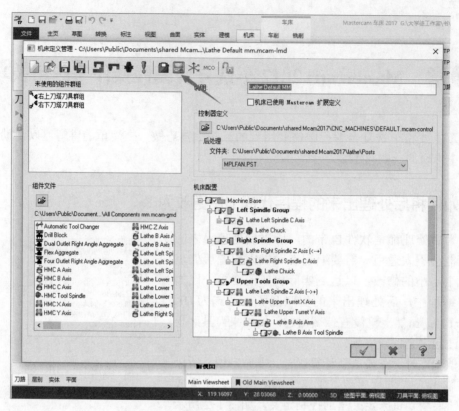

图 1-3　控制定义

如图 1-4 所示，进入控制定义后，找到圆弧里的车床设置，将圆心形式改为半径模式，包括铣床的圆心形式也可以改成半径，铣床的 R 要根据实际情况来决定是否更改，有些机床对用 R 加工出来的圆弧没有用 IJK 的加工质量高，所以还是不改为好。在车铣复合加工中，一般习惯改成 R 输出，如图 1-5 所示。

如图 1-5 所示，将上述车床与铣床的圆心形式改为半径后，直接单击 ✓ 确定按钮，弹出"控制定义"提示框，询问是否需要保存，单击"是"，这次的更改就生效了，输出的圆弧形式就是 R 值了，如图 1-6、图 1-7 所示。

通过上述的操作，已经成功将程序里的 IJK 输出为 R 了，这样刀具磨损后，可以通过机床控制器里的 R 补偿来修正。

假如只需要临时使用时为 R，重新打开软件又恢复为 IJK，可以直接在机床群组里更改。如图 1-8 所示，单击"文件"，弹出"机床群组属性"对话框，如图 1-9 所示。

然后单击"编辑"，弹出机床定义管理对话框，如图 1-10 所示，这和前面的设置是一样的。

到这个界面以后，其他的设置就和前面是一样的，打开控制定义对话框，设置车床圆弧形式为半径，然后单击 ✓ 确定按钮，接着单击"是"，最后单击两次 ✓ 确定按钮，如图 1-11、图 1-12 所示。

通过以上的设置，就可以将后处理出来的程序 IJK 临时更改为 R 了，当关闭软件再重新打开刚才的图档，后处理出来的程序 R 会恢复为 IJK。另外还有一个问题需要注意，在车铣复合机床上用车削程序时，如果前面有动力头程序，切换到车削时一定要加上车削平面代码 G18，否则有些系统会报警无法加工出圆弧，或者直接加工直线。

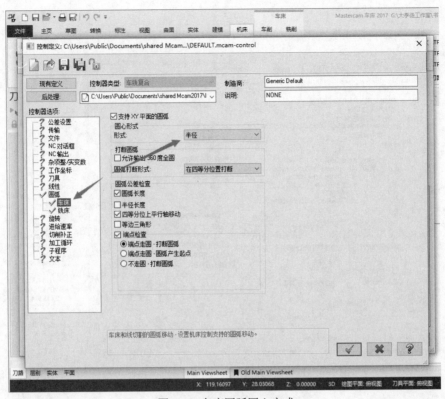

图 1-4　车床圆弧圆心方式

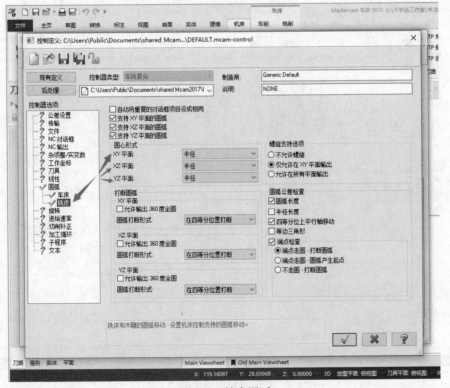

图 1-5　铣床圆弧

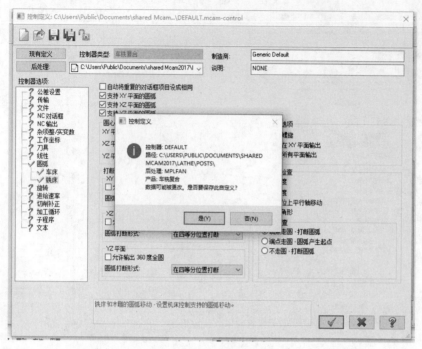

图 1-6 控制器修改提示

```
G18
G97 S1566 M03
G0 G54 X55.906 Z2.
G50 S3600
G96 S275
G99 G1 Z0. F.25
G18 G3 X67.506 Z-5.8 R5.8
G1 Z-24.173
X93.574
G3 X105.174 Z-29.973 R5.8
G1 Z-55.86
X108.002 Z-54.446
G28 U0. V0. W0. M05
T0100
M30
```

图 1-7 修改控制器
程序示例

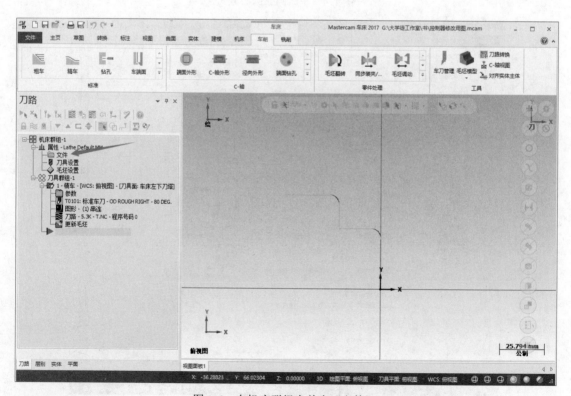

图 1-8 在机床群组中单击"文件"

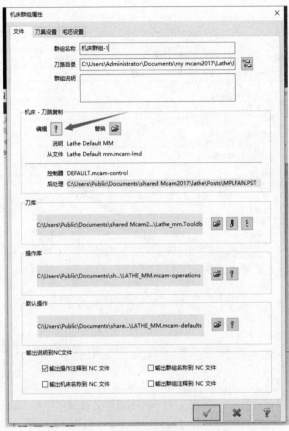

图 1-9　"机床群组属性"对话框

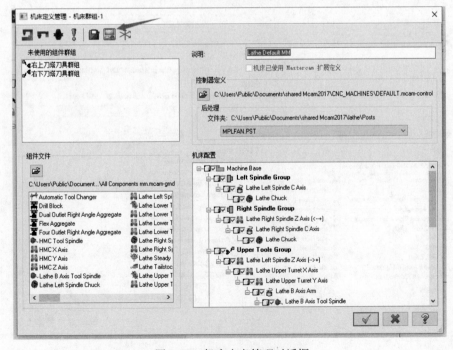

图 1-10　机床定义管理对话框

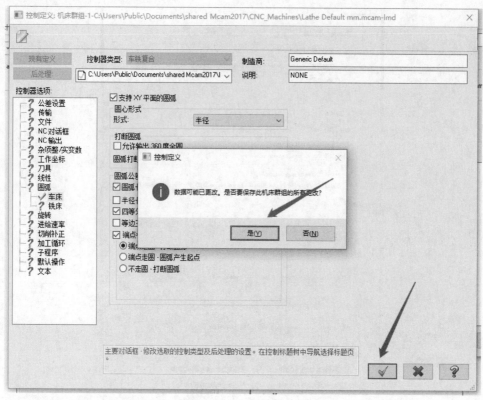

图 1-11　控制器定义

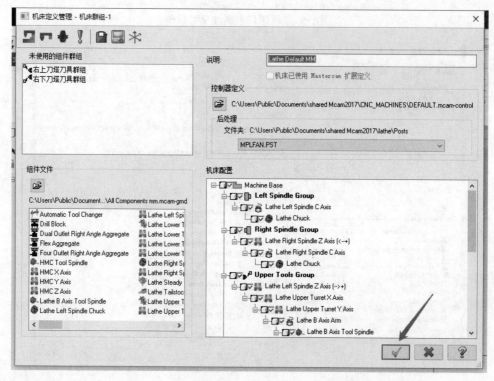

图 1-12　机床定义

## 1.2　自定义车刀与铣刀

在车铣复合加工中，经常会遇到一些形状非常特殊的工件，用一些常规刀具虽然也能加工，但加工效果和效率都达不到理想状态，这就需要做一些非标的刀具来加工此类工件。还有另一种情况，因为机床刀位不够，为了把多个工序简化，也需要自定义刀具来简化程序。为了更好地做出精确的程序，在软件创建刀路的时候，可以先根据工件图形来做一个相应的自定义刀具。图 1-13 是一个内槽，如果用常规的刀具来加工会比较麻烦。

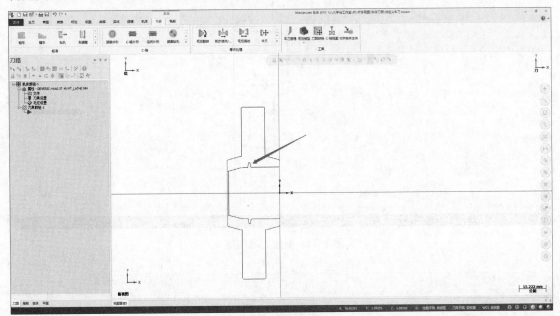

图 1-13　内槽工件

这就需要根据内槽的形状做一个仿形刀具。在软件里自定义刀具有两个方法，第一个是直接在软件里绘图，第二个是从外部导入。下面介绍从软件里直接绘图。在图层里打开一个未使用的图层，并且设置为当前工作图层，如图 1-14 所示。

为什么要新建一个刀具图层？因为自定义刀具如果和加工图素图层在一起，软件将无法正确识别到刀具，所以要将自定义刀具单独放到一个图层。完成上述操作后，就可以绘制自定义刀具了。首先绘制刀尖。绘制刀尖的时候可以偷个懒，直接将异形槽进行串连补正，补正距离为 0.2mm，这样刀具切削时才有避空距离，如图 1-15 所示。

刀尖图形已经通过串连补正做好了，下面就要将刀尖移动到原点位置，并将原先的工件图形隐藏，如图 1-16 所示。

通过平移操作，已经将刀尖图形移动到了原点位置。但这样还不行，为了便于刀具的制作和对刀，还需要对上面的图形做一个修改，将前刀修改出避空角，然后将刀尖图形用线条封闭起来，并把 Z 轴对刀点移动到与原点重合的位置。如图 1-17 所示。

刀尖绘制完成后，还要绘制一个刀柄。在绘制刀柄前，要先将刀尖的颜色进行更换，只要保证刀尖与刀柄的颜色不一样就可以了，如图 1-18 所示。

刀柄的长度无所谓，但也要和刀尖一样，需要是封闭的形状。完成了图形的绘制，就可以添加自定义刀具了。在车削界面，有一个"车刀管理"，如图 1-19 所示。

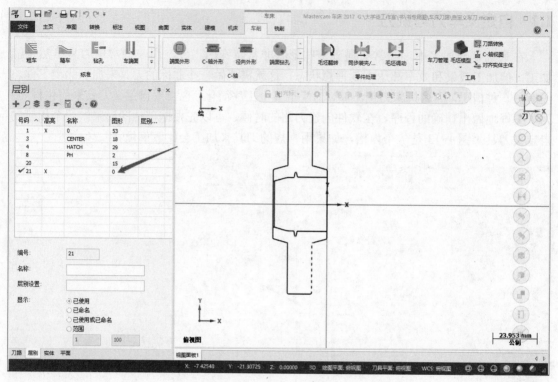

图 1-14　新建刀具图层

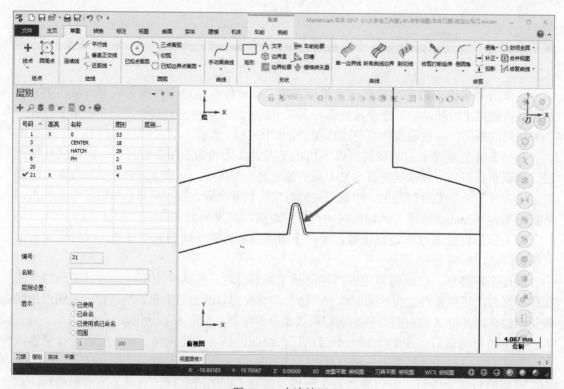

图 1-15　串连补正

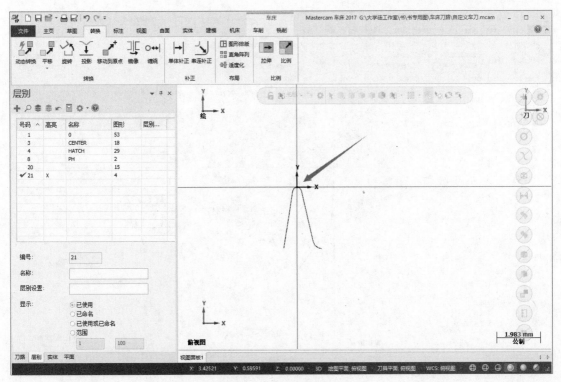

图 1-16　自定义刀具刀尖 1

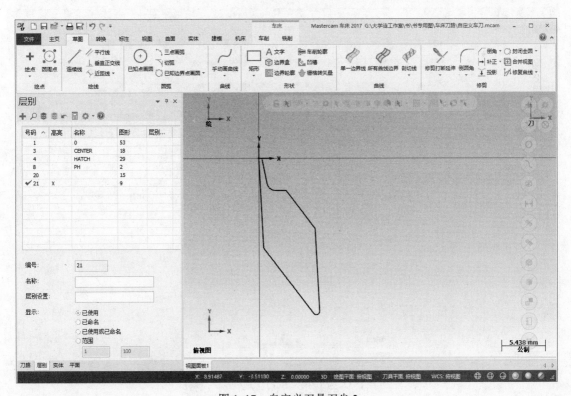

图 1-17　自定义刀具刀尖 2

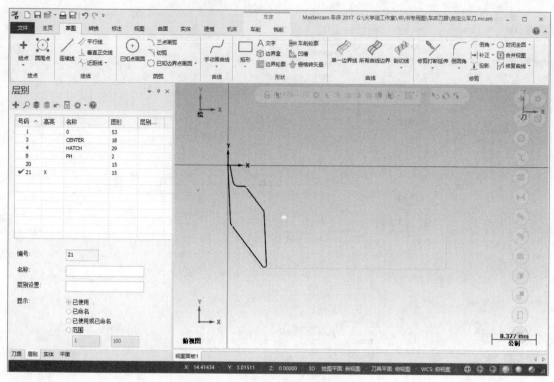

图 1-18　保证刀尖与刀柄的颜色不一样

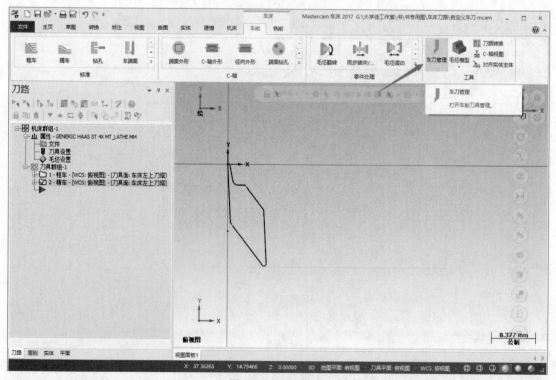

图 1-19　车刀管理

单击"车刀管理"，弹出"刀具管理"对话框，在刀具栏单击鼠标右键，选择"创建新刀具"，弹出定义刀具对话框，然后选择"自定义"，如图 1-20、图 1-21 所示。

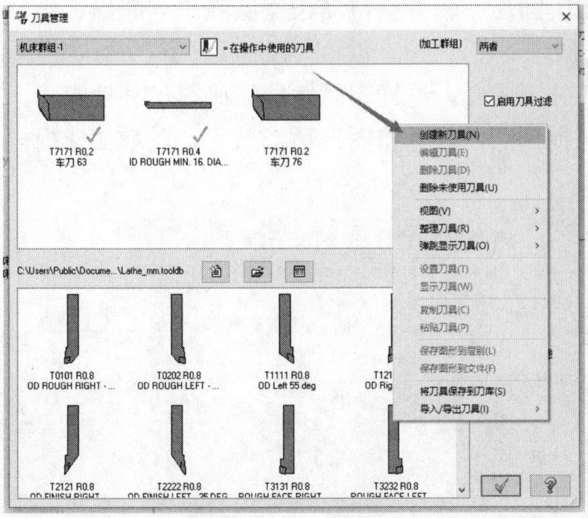

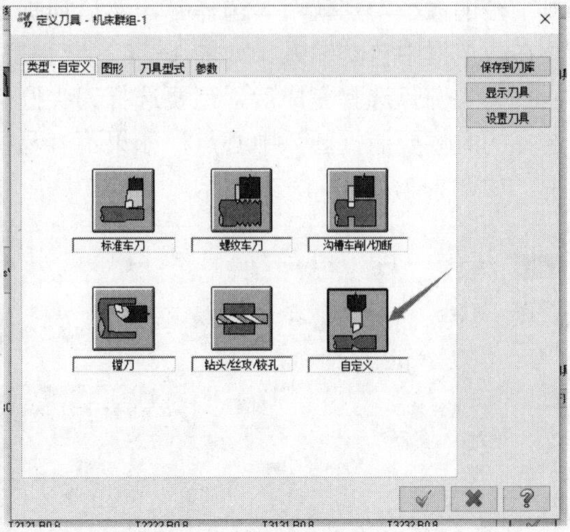

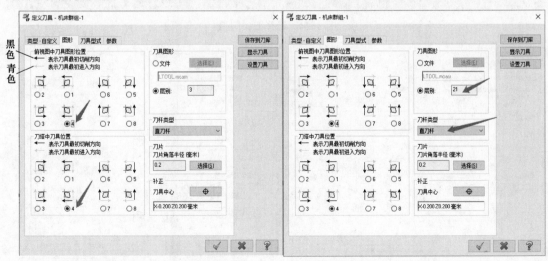

图 1-20　刀具管理　　　　　　　　　　　　　图 1-21　刀具自定义

在弹出的刀具设置界面进行设置。首先需要设置的两个选项是"俯视图中刀具图形位置"和"刀塔中刀具位置"。有两个箭头，一个是黑色，表示刀具最初切削方向；另一个是青色，表示刀具最初进入方向。这个和刀具方向是一个意思，只要按照箭头所示，选择正确的方向就可以了。因自定义刀具是内孔刀，按照上面箭头所示，应该选择 4 号，刀塔上的刀具方向也是如此，如图 1-22 所示。

设置好刀具的切削方向和进入方向后，接下来设置"刀具图形"。在对话框中，可以看到两个选项：文件和层别。因为是在同一个文件不同层别绘制的自定义刀具，所以这里只需要选择"层别"就可以了，层别号就选前面新建的 21 号层别，也就是绘制的自定义刀具图层。图层设置好，"刀杆类型"默认为"直刀杆"，如图 1-23 所示。

图 1-22　刀具切削方向设置　　　　　　　　　图 1-23　刀具图形设置

接下来就是设置刀片了，这个设置关系到程序的准确性，所以一定要设置好。刀具半径的设置方法有两个，一个是直接输入数值，另一个是选择圆弧。如果知道刀具的半径是多少，比如这个刀尖的圆弧半径是 0.2mm，那直接在数值框中输入 0.2 即可；如果不知道圆弧半径的大小，那就用"选择"，然后捕捉刀尖圆弧，软件会自动根据圆弧来判断出大小，并在数值框中自动输入，如图 1-24、图 1-25 所示。

刀尖圆弧选择完成后，还要选择刀尖圆弧补正中心，这样刀具才能正确得出补偿距离。选择的时候要捕捉圆弧中心点，如果不容易捕捉到点，可以将图形适当放大，以增加捕捉概率，如图 1-26～图 1-28 所示。

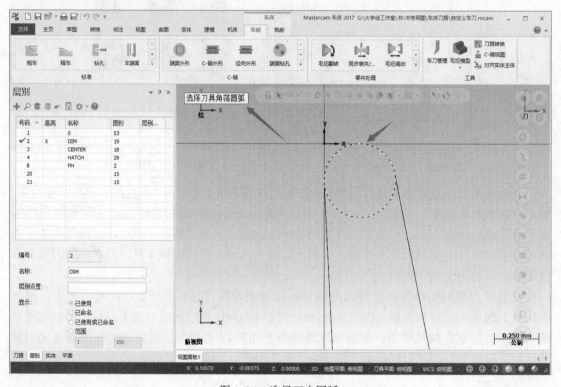

图 1-24　选择刀尖圆弧

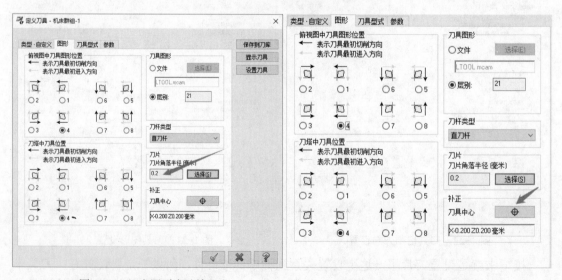

图 1-25　刀尖圆弧自动输入　　　　　　　图 1-26　刀具中心选择

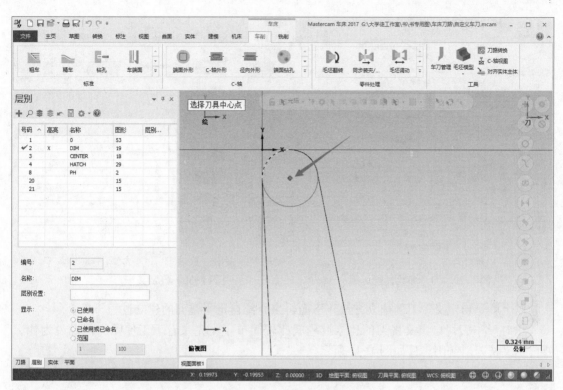

图 1-27　刀具中心捕捉

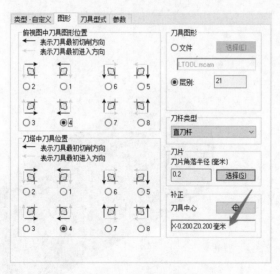

图 1-28　刀具中心数值

　　最后把参数里的刀号更改成机床上的实际刀号。刀号和刀具补正号码一定要一致,刀塔号码可以不改,默认切削参数和刀路参数可以根据自己的需求更改,补正方式要改为左下角。内孔刀软件在刀路里会自动翻转为左上角,刀具名称也可以自定义,如图 1-29 所示。

　　通过上面的操作,就完成了自定义车刀的建立,如果下次还需要使用这把自定义刀具,可以把刀具添加到现有刀库,这样下次就可以快速地调用这把刀具,而无须重新绘制,如图 1-30 所示。

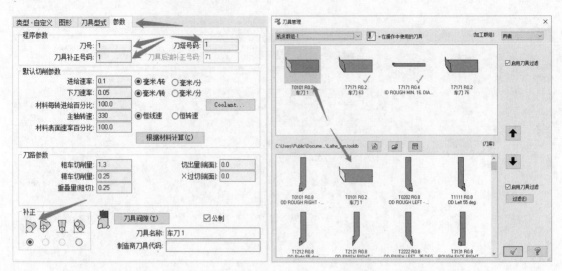

图 1-29　刀具参数设置　　　　　　　　图 1-30　自定义车刀

　　以上就是自定义车刀的建立方法。下面再来介绍自定义铣刀的建立过程。

　　相对于车刀，自定义铣刀的建立过程就比较简单了。先来看下工件图，再说说为什么要自定义铣刀。铣削工件如图 1-31 所示。

图 1-31　铣削工件

　　刀塔式四轴车铣复合机床离不开动力头刀座，然而一组动力头刀座价格不菲，尤其是进口的动力头刀座。根据图 1-31 所示产品分析，最少需要 9 个动力头刀座，再加上内外圆粗精车切断刀 5 把，12 刀座刀塔机已经不够用了，因此第一要减少动力头的数量，第二要提高加工效率。从图 1-32 中箭头所示可以看到有一个带两个圆弧的外形。

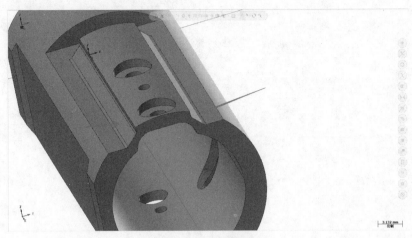

图 1-32　圆弧外形

按照常规的加工策略，可能会用等高或者平行之类的策略，但加工速度比较慢，而且需要多把刀。如果用成型刀，那就会方便很多，直接用径向外形就可以加工出来，而且效率还比较高。因为这个工件的材料是黄铜，用成型刀基本上粗精一把刀就可以达到要求，那么就来新建一把成型铣刀。首先用单一边界线来提取加工外形，如图 1-33 所示。

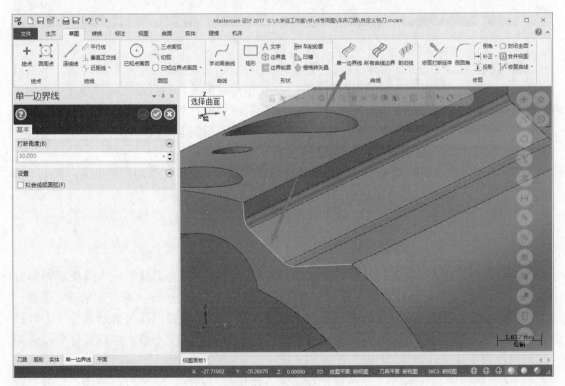

图 1-33　提取边界线

然后提取这个边界线作为自定义刀具的切削刃。由于自定义刀具图形必须绘制在俯视图，所以要将提取的边界线用 3D 平移的方式从右视图移动到俯视图，并且新建一个图层，把图形移动到新建图层，如图 1-34 所示。

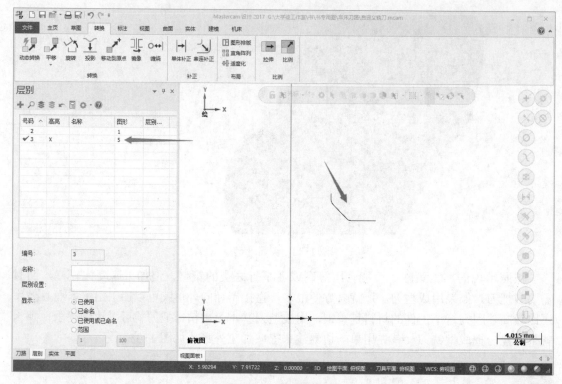

图 1-34　移动边界线

视图和层别调整好后，就可以把边界线移动到原点。因为铣刀是一个回转体，所以只需要一半轮廓线就可以了，而且不需要封闭。把切削刃轮廓线移动到原点后，还需要根据工件的深度来调整切削刃轮廓线的高度，将切削刃轮廓线调整好后，更改其颜色，然后再绘制刀柄，刀柄绘制完成后更改其颜色，使之与切削刃颜色不相同即可；切削刃与刀柄的边线必须相连，不可交叉，否则软件会识别不到，如图 1-35 所示。

切削刃和刀柄都绘制完成后，就可以新建自定义刀具了。在"铣削"菜单里，单击"铣床刀具管理"，如图 1-36 所示。

弹出"刀具管理"对话框后，在加工群组里单击鼠标右键，选择"创建新刀具"，如图 1-37 所示。

在弹出的"定义刀具"对话框中单击"定义刀具"，如图 1-38 所示。

继续单击"定义刀具"，会弹出"定义刀具"对话框，因为刀具是在 3 号图层绘制好的，这个时候只要单击从层别导入并到自定义图形 按钮，就会弹出"选择层别"对话框，只要选择自定义刀具图形所在的 3 号图层，在刀具预览界面就会出现想要的自定义刀具图形，"总尺寸"栏会根据图形自动测量出数据，如果刀具的长度不够，可以自行更改，如图 1-39～图 1-41 所示。

自定义铣刀设置完成后，可以和车刀一样，保存到刀具库，以便再次调用。目前软件车刀与铣刀还不能保存在同一个刀库中，所以需要分开保存，分别调用。这对车铣复合加工来说很不方便，更多的时候是希望某一类型的产品所用到的刀具可以保存在一个刀库中，这样使用起来更方便快捷。

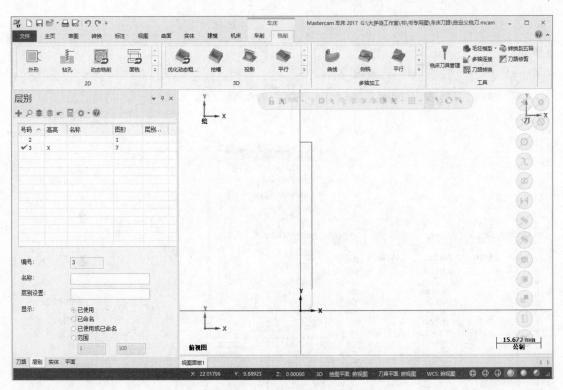

图 1-35　自定义铣刀轮廓线

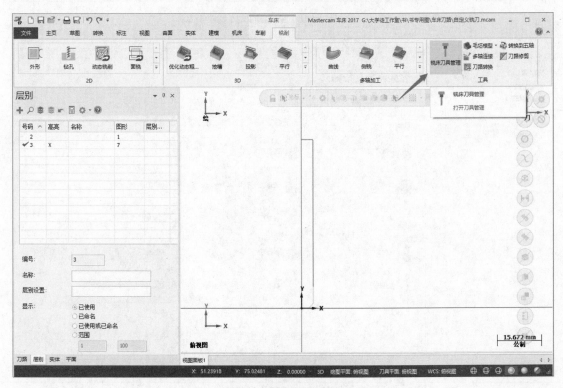

图 1-36　铣床刀具管理

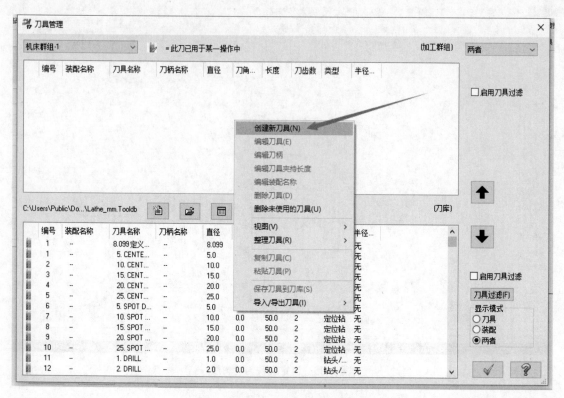

图 1-37　创建新刀具

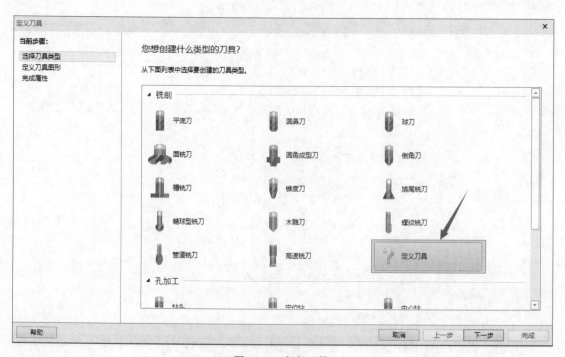

图 1-38　定义刀具

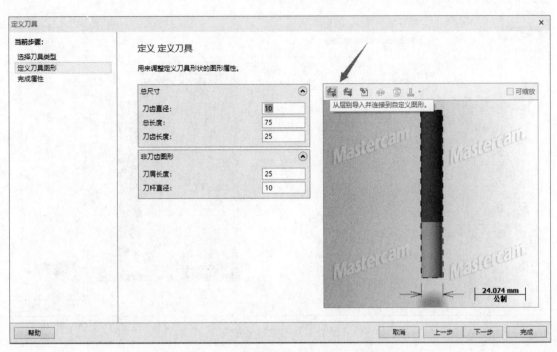

图 1-39　从图层导入自定义刀具图形

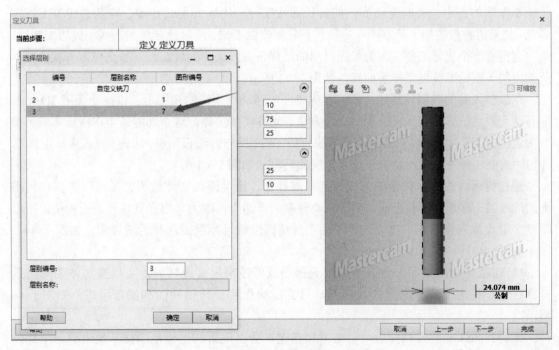

图 1-40　图层选择

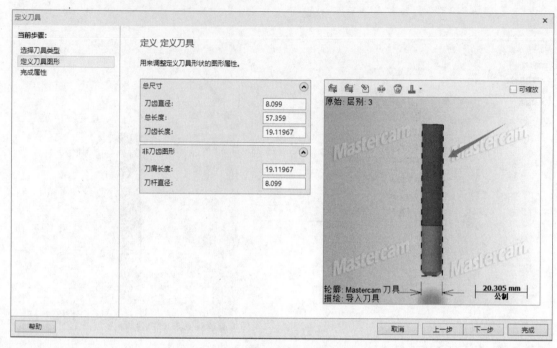

图 1-41  刀具定义完成

## 1.3  样条曲线的车削编程方法

在车床加工中，有时会遇到一些特殊曲线工件，比如方程式曲线、样条曲线等不规则曲线，如果用一般的加工策略不一定能达到轮廓度的要求，所以就要用到一些小技巧来解决。

这里有一个大臂工件，因为绘图时用的是样条曲线来作为轮廓线，那么导入到软件中，所做出的车削轮廓线也是样条曲线，如图 1-42 所示。

在做出大臂的车削轮廓线之前，要先将图形移动到正确的视图上。以往是采用 3D 平移加移动到原点的方式，这里改用另一个方法：对齐实体主体，这个功能是用在回转体或者带有圆之类的工件上，所以只有开启车床模块后才有。操作方法很简单，单击"对齐实体主体"，弹出"对齐实体主体"对话框，提示定义旋转轴，如图 1-43 所示。

通过提示，选择旋转轴的方式有选择圆柱面、锥度面或实体边界，还可以选择任何沿面的线或弧。在选择这些之前，要选择"转换到平面"，因为车削在软件里是俯视图，所以要把平面设置为俯视图，在"选择平面"对话框里将目标视图选择为俯视图，如图 1-44、图 1-45 所示。

单击☑️确定按钮后，会提示继续选择面或者线来定义旋转轴，可以在实体图形上选择圆柱面、锥度面或者沿面的线和弧，只要能捕捉到旋转轴的面和线都可以，如图 1-46 所示。

捕捉到圆弧或者圆弧面后，单击鼠标左键，会出现新的坐标系，提示使用动态指针去设置原点和对齐到 X 轴，或者重新选择图形作为新的 Z 轴，因为这里已经是正确的位置了，所以不需要再选择，如图 1-47 所示。

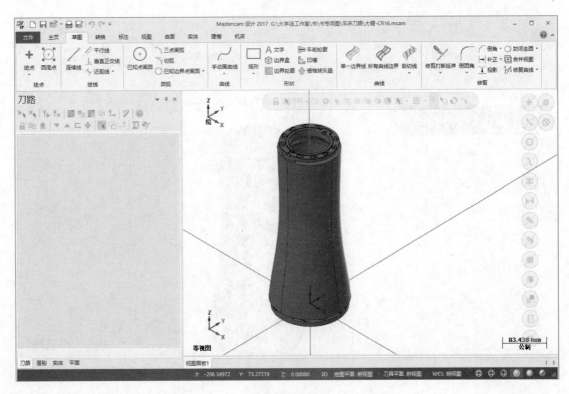

图 1-42　大臂

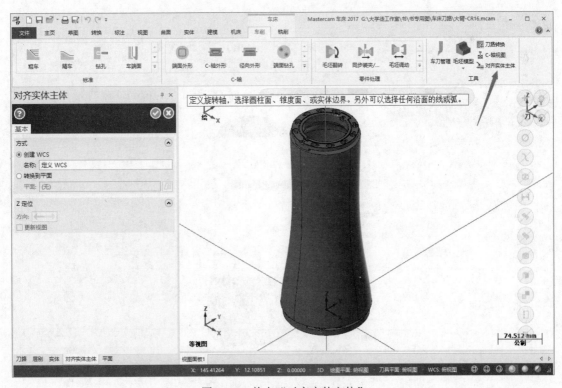

图 1-43　单击"对齐实体主体"

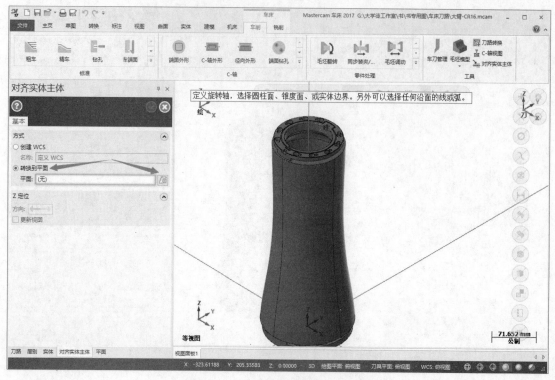

图 1-44  "对齐实体主体"对话框

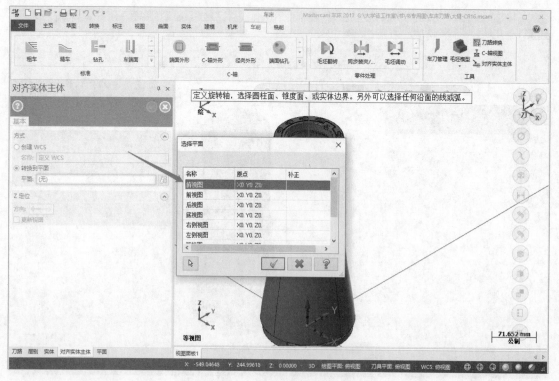

图 1-45  选择平面为"俯视图"

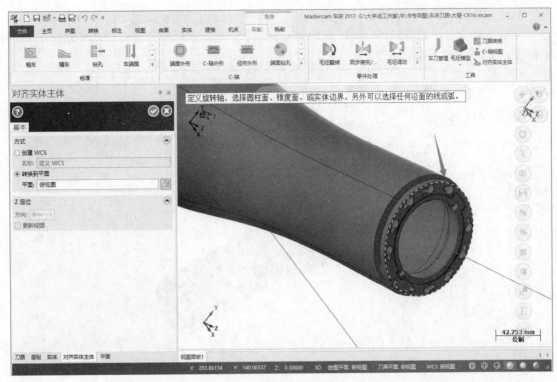

图 1-46　捕捉沿面圆弧

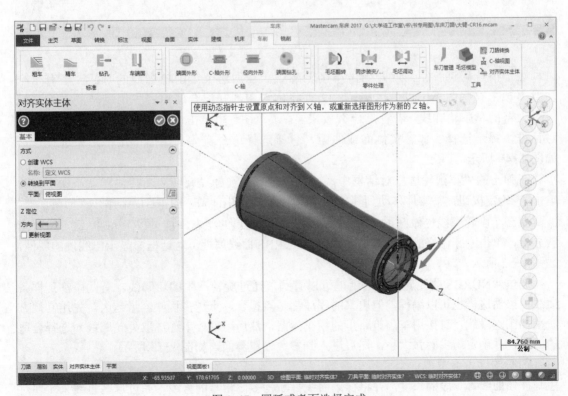

图 1-47　圆弧或者面选择完成

　　到此操作就完成了，如果想选择另一面作为坐标原点，就选择接近后面的圆弧或者面，这样坐标系就会自动调整到另一面，在此就不展示了。完成坐标原点就会自动移动到图形的右端面，如图 1-48 所示。

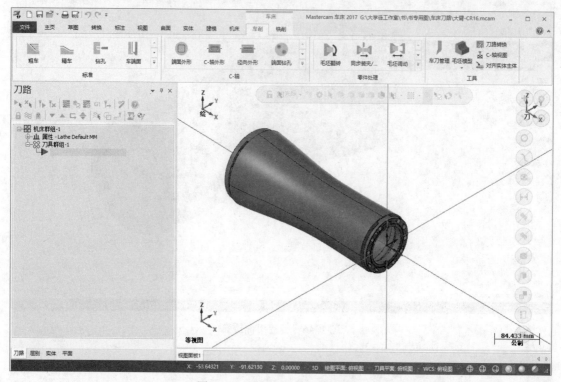

图 1-48　对齐实体主体完成效果

　　这个小技巧讲解完，就开始做车削轮廓线。在做这个车削轮廓线的时候，还有一个注意事项，有些图不可以单用旋转，必须将旋转和剖开配合使用。先用旋转的方式来做这个大臂的车削轮廓线，看看是什么效果。在"草图"里单击"车削轮廓"，弹出"刀路"对话框，提示选择实体、实体面或曲面，直接选择这个实体，然后单击"结束选择"，如图 1-49 所示。

　　在弹出的"车削轮廓"对话框中，"计算方式"选择"旋转"，其他默认不变，然后单击 ☑ 确定按钮，将实体移动到其他图层并隐藏，如图 1-50、图 1-51 所示。

　　现在车削轮廓线也做好了，用分析工具来看下图形的状态。这里按下 <F4> 键，进行图素分析，单击刚才做好的轮廓线，会弹出"NURBS 曲线属性"对话框，显示出线段的属性，如图 1-52 所示。

　　通过"NURBS 曲线属性"对话框可以看到，通过旋转产生的轮廓线，有四段都是样条曲线，虽然这样也可以编程，但出来的程序都是点拟合，点越多程序容量越大。先用常规方法来加工这段线，直接用车削策略里的精车策略，然后用部分串连选取外轮廓线，选择合适的刀具，并确定刀尖圆弧大小，然后进入到参数设置界面，如图 1-53 所示。

　　细心的读者会发现这个"精车参数"多出一个选项"线性公差"，这个数值就是用来控制样条曲线每一段的长度，并将样条曲线打断为多段相等的直线，通过这些直线来实现对样条曲线的车削。先用默认参数后处理出程序看一下，如图 1-54 所示。

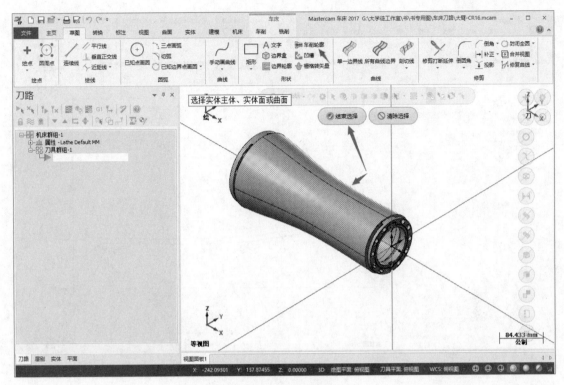

图 1-49　选择实体

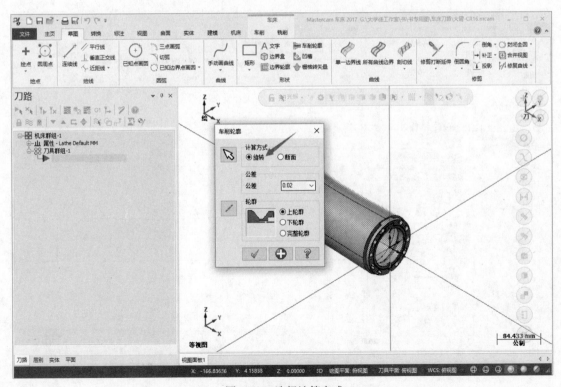

图 1-50　选择计算方式

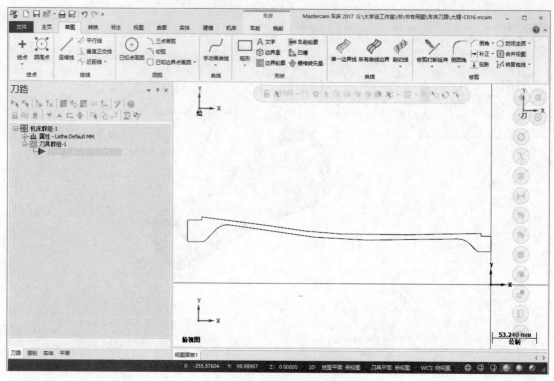

图 1-51  完成的车削轮廓线

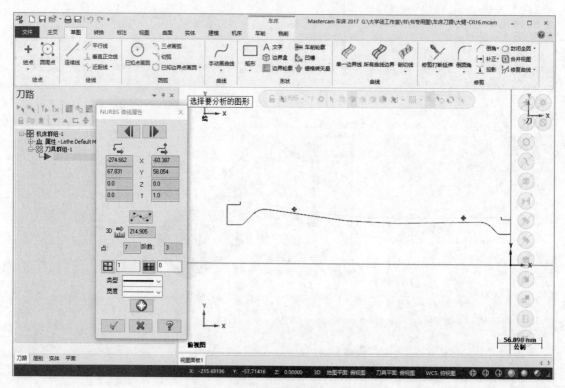

图 1-52  "NURBS 曲线属性"对话框

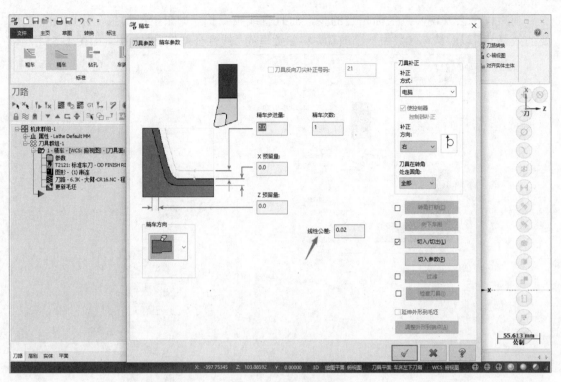

图 1-53　精车参数

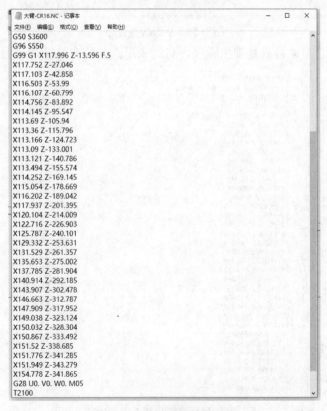

图 1-54　默认设置精车程序

观察程序会发现，点坐标相当的少，而且直线相当长，如果上机加工，肯定得不到想要的效果，所以对精车参数做一个改动，将参数里的"线性公差"改成 0.01，如图 1-55 所示。

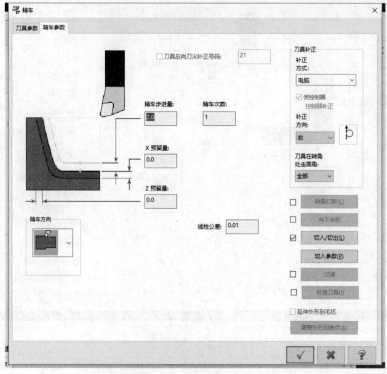

图 1-55　更改线性公差

更改线性公差之后，再后处理出程序，对比未更改之前有何区别，如图 1-56 所示。

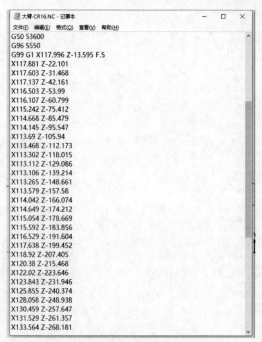

图 1-56　线性公差 0.01 程序

对比更改前后的程序发现，变动不是特别明显，后面的程序只多出来几行，按这样的程序做出来，工件肯定是不符合图样要求的。可以有两个方法来把程序做到符合图样要求。第一种方法就是继续将线性公差改小，比如改成 0.001 试下，然后直接后处理出程序，如图 1-57 所示。

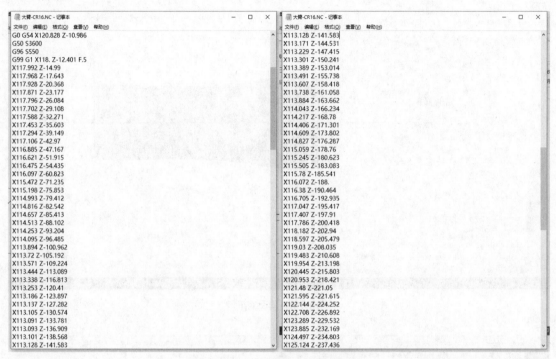

图 1-57　线性公差为 0.001 的程序

通过上面的程序可以观察到，线性公差越小，所得到的坐标点就越多，相应的程序就越大，通过这种点拟合的方式可以将这种样条曲线做出来。也有读者反馈有些机床加工出来有很明显的刀痕，排除了程序和刀具的原因，剩下的就只有机床的间隙比较大，在这种情况下，是很难做出一个符合要求的样条曲线刀路的。

接下来就试试第二种方法。先将上面图形的弧形做出一条，在这里要用到车削轮廓的"断面"选项，也就是把工件从中心剖开生成轮廓，如图 1-58、图 1-59 所示。

然后要用到绘图功能，用等分绘点功能将刚才做出的轮廓线绘制上奇数点，比如一个圆弧三个点，那么两个圆弧就是五个点，以此类推。在这里绘制 29 个点，如图 1-60 所示。

等分绘点完成后，将原始曲线删除或者移动到其他图层，以便于后面的操作。接着要用到三点画弧，将 29 个点通过三点画弧的方式全部连接起来，最后删除之前做的 29 个点，如图 1-61、图 1-62 所示。

三点画弧全部完成后，再将上面的精车策略的图形换成圆弧，然后看下参数，发现"线性公差"选项没有了，如图 1-63 所示。

之所以没有"线性公差"选项，是因为现在选择的图素是圆弧，不需要通过线性公差来控制圆弧，这个时候圆弧的精度是靠机床的精度来控制的。在上面的图形中，车削时需要用到刀尖的前后刃，如果机床的反向间隙过大，在前后刃切换时，工件中间会有明显的走刀痕迹，类似于一个凹槽，这个时候不要去折腾软件和程序，直接调整机床的反向间隙即可。

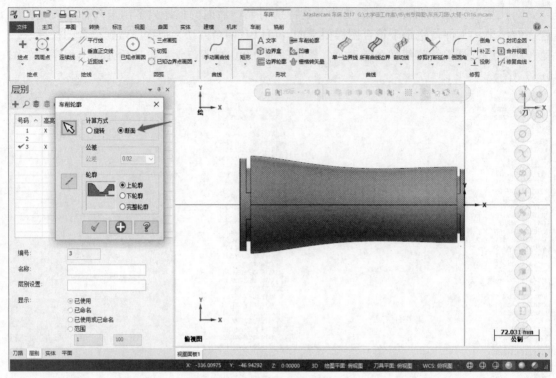

图 1-58　实体断面

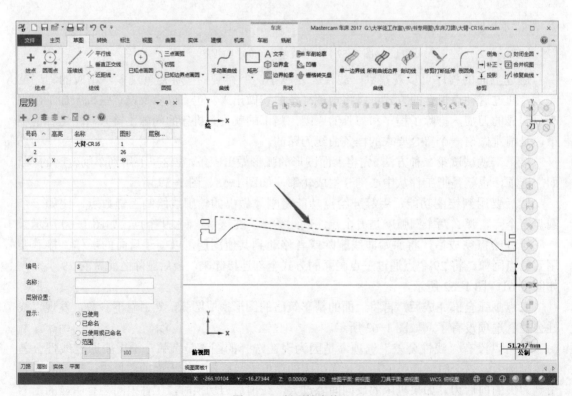

图 1-59　断面轮廓线

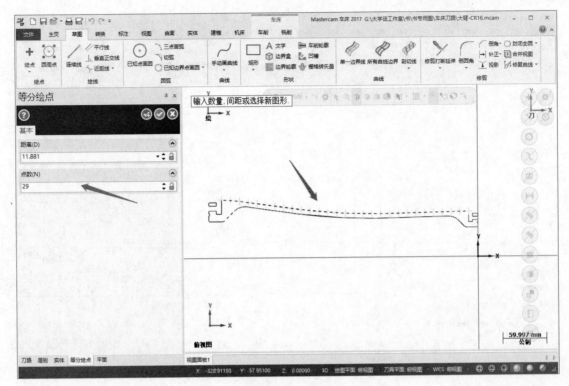

图 1-60 等分绘点

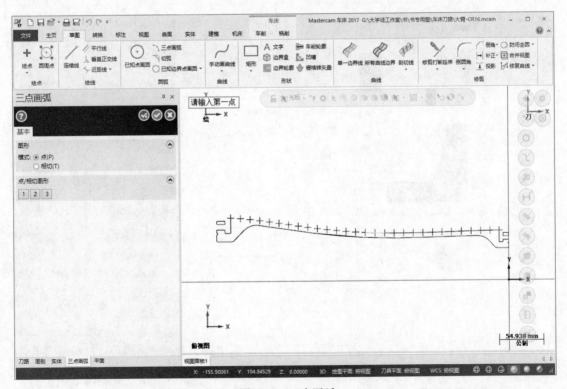

图 1-61 三点画弧

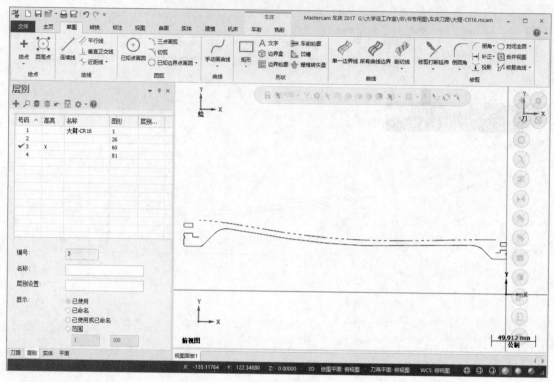

图 1-62　圆弧

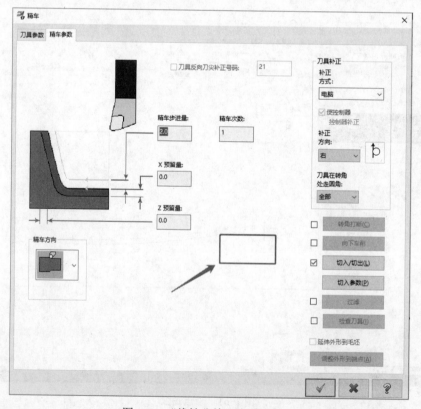

图 1-63　"线性公差"选项没有了

把刚才的刀路后处理出来看一下，如图 1-64 所示。

```
CR16.NC)
(MATERIAL - ALUMINUM MM - 2024)
G21
(TOOL - 21 OFFSET - 21)
(OD FINISH RIGHT - 35 DEG. INSERT - VNMG 16 04 08)
G0 T2121
G18
G97 S1449 M03
G0 G54 X120.828 Z-10.986
G50 S3600
G96 S550
G99 G1 X118. Z-12.4 F.5
G18 G3 X117.429 Z-36.169 R1089.997
X116.151 Z-59.926 R2957.086
G1 X115.438 Z-71.801
X114.753 Z-83.676
G2 X113.635 Z-107.427 R2574.317
X113.101 Z-131.182 R1547.134
X113.087 Z-135.06 R1062.362
X113.459 Z-154.934 R1062.362
X115.05 Z-178.67 R810.81
X118.091 Z-202.369 R770.124
X122.519 Z-226.016 R857.124
X128.229 Z-249.594 R885.326
X135.064 Z-273.101 R1264.012
G3 X142.217 Z-296.594 R3665.274
X148.407 Z-320.166 R666.546
X151.999 Z-343.885 R317.777
G1 X154.828 Z-342.471
G28 U0. V0. W0. M05
T2100
M30
%
```

图 1-64　圆弧刀路

通过上面的操作，就把曲线做出来，并可以通过轮廓仪的检测。如果想让刀路更加圆滑，可以将圆弧设置得更多。

## 1.4　刀路转换的使用

车铣复合机床的行程按不同的配置有大有小，比如刀塔式车铣复合机床的 Y 轴行程小、X 轴行程大，4+4 车铣复合机床的 X 轴行程小、Y 轴行程大，在编程时要注意图形的位置，尽可能做到合理利用程序来让机床不超行程。有些读者可能会说用 XC 联动刀路就不会有超行程的情况了。确实如此，但对于精度不好的机床来说，联动的效果没有定轴好，所以一切以保证加工品质为原则，必须要有个好的方法，刀路转换就是其中一个。

刀路转换的含义就是把之前做好的刀路，通过旋转、平移或者镜像的方式把刀路复制到其他位置。这样做有两个好处，一就是上面所讲的避免机床超行程，二就是减少编程工作量，如果有多个相同图形，只需要做其中一个图形刀路就可以通过转换来实现加工不同位置的相同图形。

现在有一个工件，外径尺寸虽然不大，但超出了 Y 轴的行程，编程时如果不注意机床结构，会造成 XY 轴超行程，如图 1-65 所示。

通过图 1-65 观察到，工件上有四个相同的腔体，完全可以只编一个刀路，然后用刀路转换加工剩余三个位置的腔体。在编程之前，要分析一下究竟用哪一个位置的图形作为原始刀路。其实这个还是要结合机床的特点来进行分析，如果是刀塔车铣复合机床，可根据刀塔车铣复合机床 XY 轴的位置来判断，这个原始刀路要在 0°的位置，这样刚好避免了 Y 轴行程不够，如图 1-66 所示。

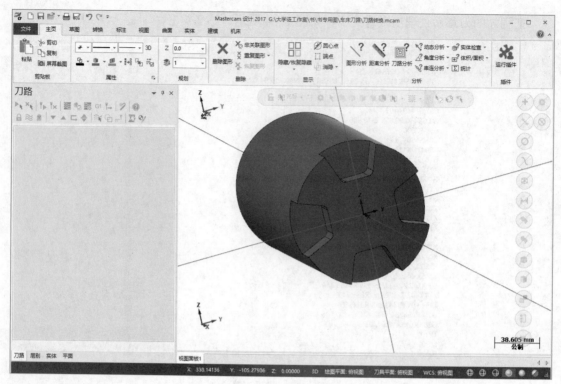

图 1-65  刀路转换工件图

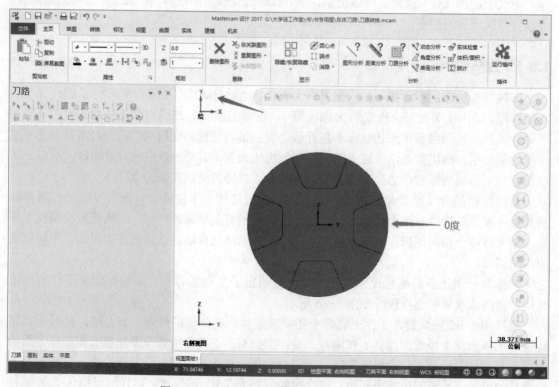

图 1-66  刀塔车铣复合机床编程原始刀路位置

如果是一台 4+4 的车铣复合机床，编程的初始位置就要避免 X 轴超行程，在图上就是 90°或者 270°的位置，如图 1-67 所示。有个需要注意的小细节，如果刀具装在最上面或者最下面，那就要选择相对应的位置，否则图形过大也会造成 Y 轴行程不够。

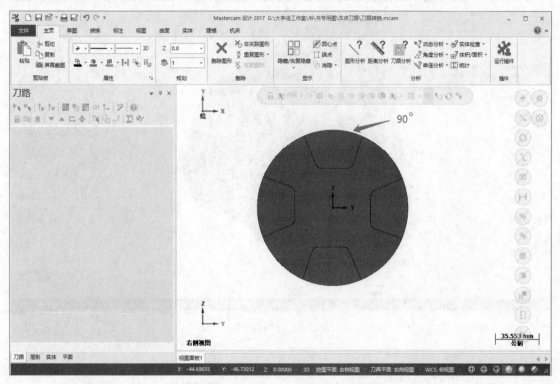

图 1-67　4+4 车铣复合初始加工位置

弄清楚机床结构之后，这时候再来编程，就找到了正确的初始位置。这里以刀塔车铣复合机床来进行编程演示。先在 0°的位置将槽的边界线提取出来，然后选择一个车铣复合机床，为了更好地模拟，把毛坯也设置下，并选择"端面外形"策略，如图 1-68 所示。

在提取边界线的时候，有个小技巧：直接提取最终深度的线条，然后在"共同参数"里，"深度"直接设置为增量值 0.0，"加工表面"可以设置为绝对值 0.0，这样不用去计算槽深，让软件自动分析，如图 1-69 所示。

上面设置完成后，把旋转轴设置为 Y 轴，这样才能保证刀路不是 XC 联动刀路，如图 1-70 所示。

最后生成刀路，如图 1-71 所示。

刀路生成后就可以开始进行刀路转换了，单击"刀路转换"，弹出"转换操作参数设置"对话框，如图 1-72 所示。

在车铣复合加工中，工件为一般回转体，所以刀路转换的类型一般为平移和旋转，镜像用得比较少。在平移和旋转中，旋转的使用频率最高。平移一般用在 C 轴刀路，因为有些后处理不支持 C 轴刀路旋转，所以只能用平移。这个刀路是端面外形，在这里就选择"旋转"。旋转方式有"刀具平面"和"坐标"，一般端面刀路用刀具平面就好。刀具平面的意思就是刀轴的方向，坐标顾名思义就是加工原点，如果在端面刀路用坐标会弹出一个警告，提示可能会导致后处理冲突，如图 1-73 所示。

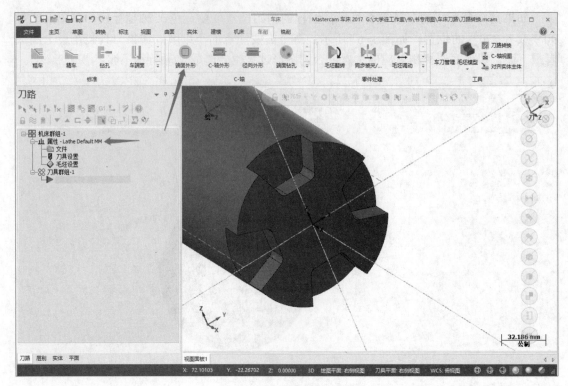

图 1-68　默认机床

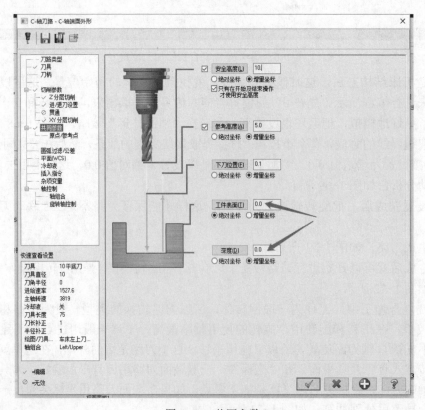

图 1-69　共同参数

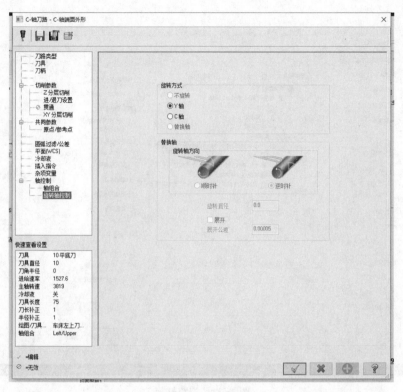

图 1-70　旋转轴控制

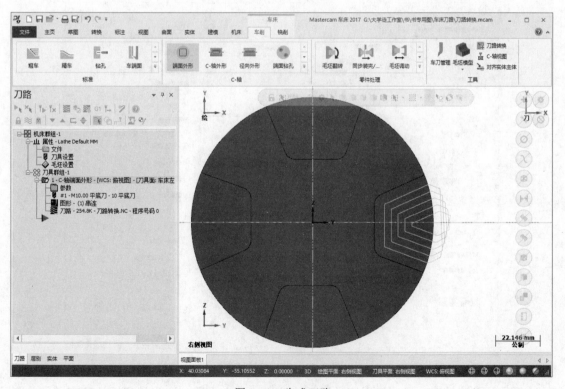

图 1-71　生成刀路

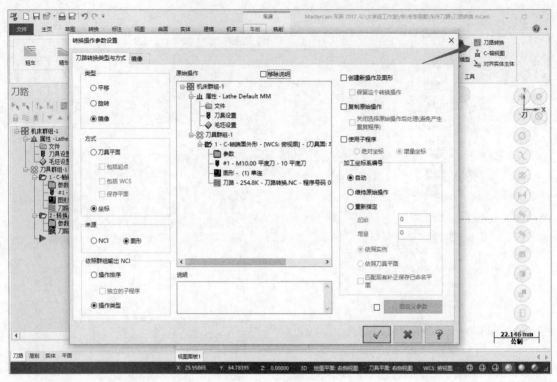

图 1-72　刀路转换

图 1-73　坐标旋转警告

如果是上述情况，尽可能用刀具平面，这样才不会报警，这个是和后处理有关的，自带的后处理只能这样操作才能保证程序的正确性，如图 1-74 所示。

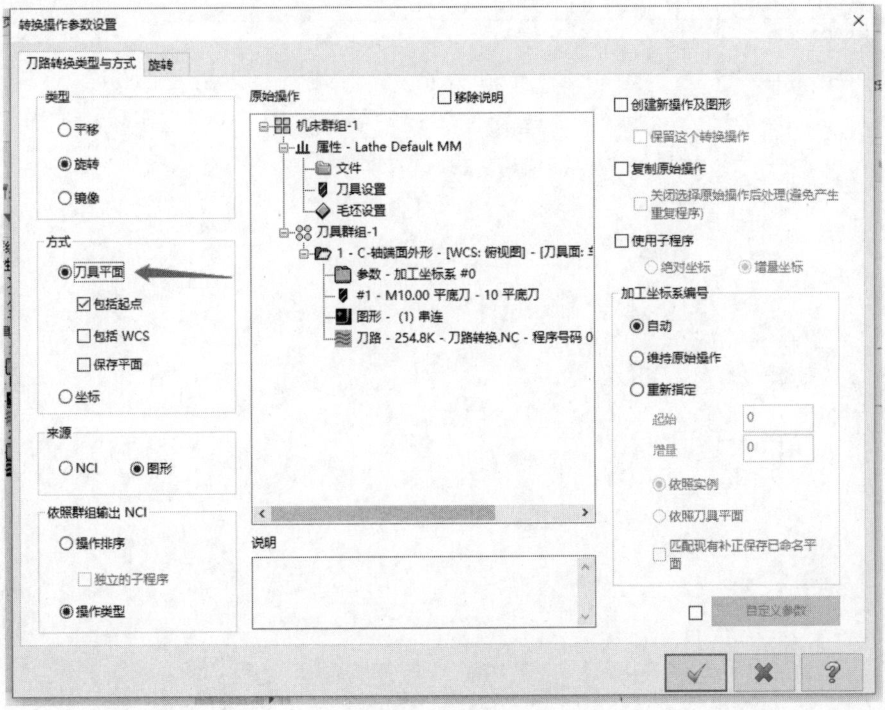

图 1-74　刀具平面

刀具平面里有三个选项，在端面加工中，用"包括起点"和"包括 WCS"效果一样，在此就不详述了，读者有兴趣可以自己研究一下。来源的设置有两个：NCI 和图形，NCI 就是刀路文件，图形就是加工轮廓，在这里选择"图形"，其他设置先默认，然后单击"旋转"选项卡。左边是"实例"选项，"次"就是旋转的次数，比如这个图是四个槽，但已经加工了一个，现在还有三个没有加工，只需要旋转三次就够了，那这个"次"数就填上 3；角度旋转的方式有"角度之间"和"完全扫描"，角度之间就是一个图形到另一个图形的角度值，完全扫描是从第一个图形到最后一个图形的角度值，先用角度之间，然后下方的两个选项分别填上 90.0，因为这个图是四等分，如图 1-75 所示。

假如用"完全扫描"，那下面的角度就是 90.0°和 270.0°，如图 1-76 所示。

勾选"旋转视图"后，在"平面"选项里选择"右视图"，因为旋转时要以右端面为基准平面，所以选择右视图，旋转的刀路才会正确。完成后单击 ✓ 按钮确定，计算刀路，如图 1-77 所示。

到这里是不是就算完成了，当然不是，还没后处理出来程序看看实际结果呢。先后处理出程序看下有没有问题，如图 1-78 所示。

上面的程序从 C0 开始加工，看起来没有什么问题，再看下转换之后 C90 的位置，发现程序多了个 G55 坐标，那么 C180 的位置肯定多了个 G56 坐标，相应的 C270 的位置会有个 G57 坐标，如图 1-79 所示。

出现多个坐标肯定不对，因为这样容易产生错误，设置起来也很麻烦，所以必须更改设置，让后处理只出一个 G54 坐标，这样才符合加工要求。其实很简单，只要在"加工坐标系编号"里将"自动"改为"维持原始操作"，这样后处理后，就不会有多个坐标产生了，如图 1-80 所示。

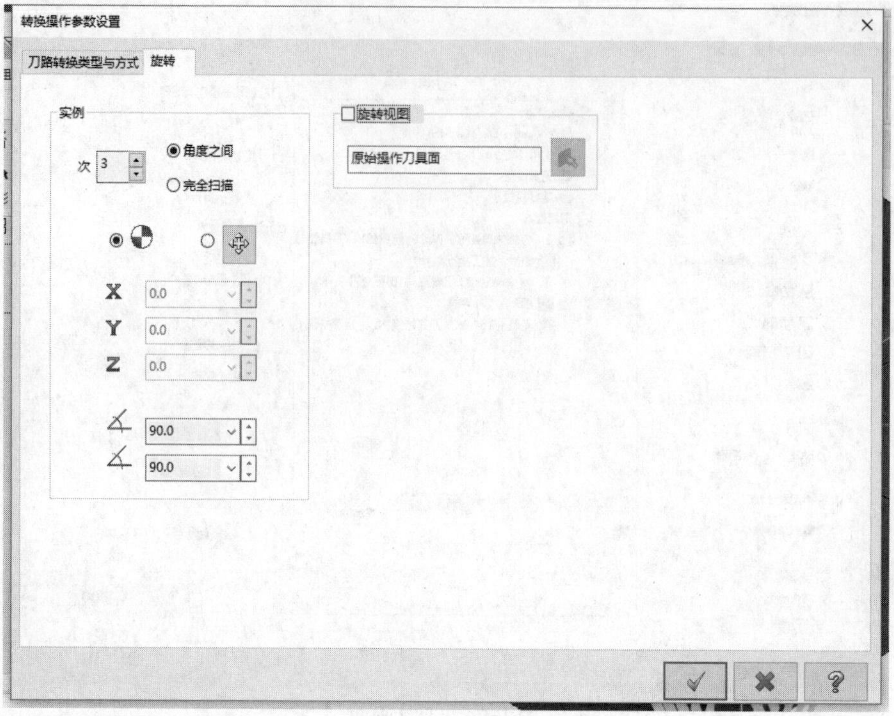

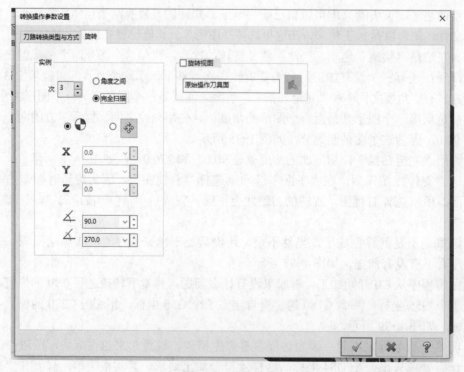

图 1-75　实例选项

图 1-76　完全扫描

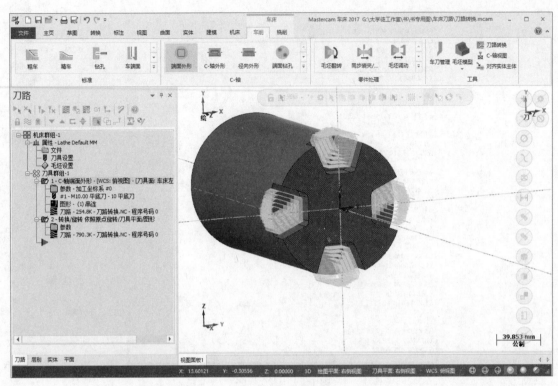

图 1-77　旋转刀路

图 1-78　程序

图 1-79 C90 程序

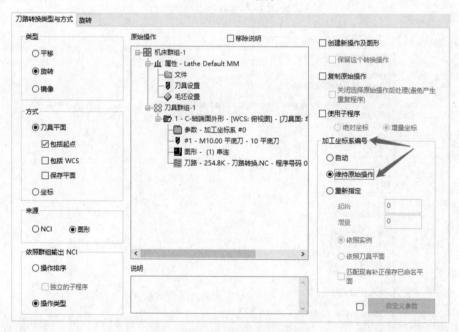

图 1-80 加工坐标系编号修改

再次后处理出来，检查发现，就只有一个 G54 坐标系了，如图 1-81 所示。

这样刀路转换就完成了，由于这个程序比较单一，所以设置比较简单。假如是多工序转换那就会有个新的问题：程序的大小。FANUC 系统的内存比较小，稍微大点的程序就占满了存储空间。有读者说可以通过存储卡外部调用，但如果有简单方法来减小程序不是更好吗，这就要用到刀路转换的子程序了，如图 1-82 所示。

图 1-81　单一坐标系

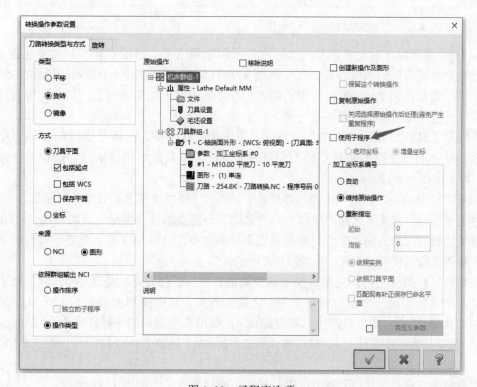

图 1-82　子程序选项

勾选"使用子程序",并且用绝对值,然后还要把上面的"复制原始操作"也勾选上。如果不勾选"复制原始操作",后处理出来的程序就会显得很另类,如图 1-83 所示。

子程序调用一般只需要写一个程序,然后用 M98 加 P 指令来调用就可以了,而这个程序主程序和子程序重复了,更改起来也麻烦,所以一般不会用这样的程序。那把"复制原始操作"勾选,同时将下面的"删除原始操作"也勾选上,再后处理看一下程序的内容,如图 1-84 所示。

图 1-83　未勾选"复制原始操作"子程序

图 1-84　复制原始操作子程序

图 1-84 所示程序看起来就是一个标准的子程序调用了,通过 C 轴坐标的变化调用了 4 次。还有一个更简单的调用方式,在子程序 M99 代码前一行增加一个 H90. 增量值,然后把 M98 后面的数值改为 P040001,这样前面的子程序格式就更加简洁明了。但这种格式只能用在角度等分程序上,使用时要注意分辨。

介绍完了转换方式旋转,接下来再讲一下转换方式平移。平移主要用在 C 轴刀路上,因为软件自带的后处理不能对 C 轴刀路进行旋转,所以只能用平移来进行操作。先做一个 C 轴刀路,如图 1-85 所示。

做好了 C 轴刀路,然后单击"刀路转换",弹出"转换操作参数设置"对话框,"类型"选择"平移","方式"选择"坐标","来源"一定要选择"图形"。如果选择"NCI",那么就是复制前面的刀路,这个 C 轴是需要不同的角度的,用 NCI 等于重复了前面的刀路,那这个转换就没有任何意义了。如图 1-86 所示。

在填写平移数值之前,先来说说平移距离的计算。C 轴刀路就是在 360° 圆上加工,那么平移的距离就是第一个图形和每个图形之间的周长。这个图形的直径是 120mm,那么周长就是 120× 圆周率,图形是四个,那就除以 4,得出单个图形的平移距离为 94.245mm,在"平移"选项卡里将数量写上 3,然后将"到点"的"Y"轴填上 94.245,"平移方式"用"两点间",如图 1-87 所示。

参数修改完成后单击✓确定按钮,平移刀路就完成了,如图 1-88 所示。

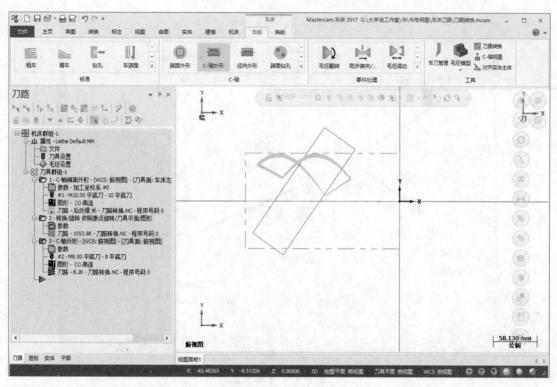

图 1-85　C 轴刀路

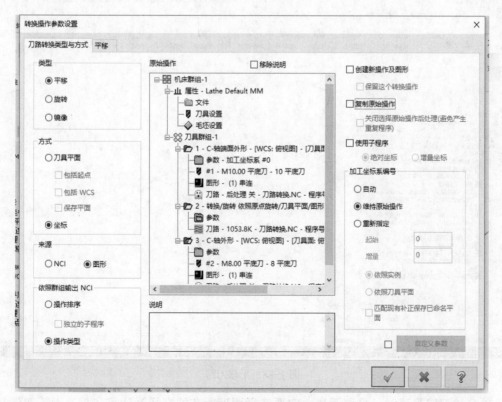

图 1-86　转换操作参数

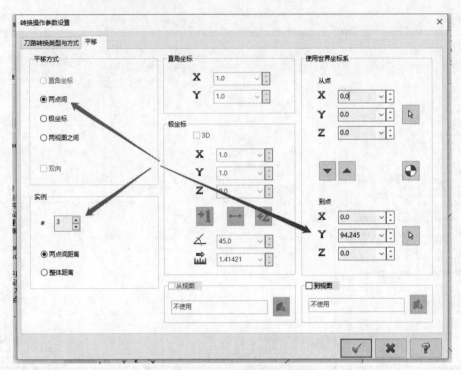

图 1-87　平移参数

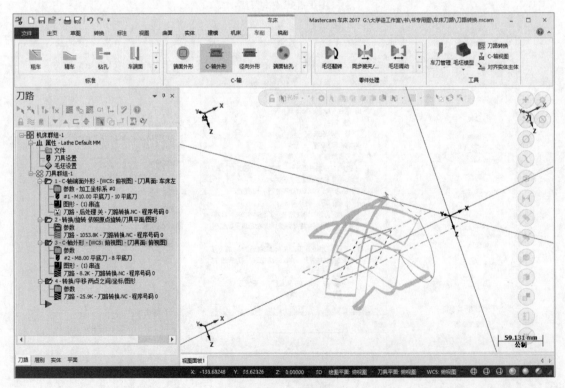

图 1-88　平移刀路

在 C 轴刀路平移时，平移距离一定要选择图形所在的直径为计算依据，而不要选择最大外径或者槽底直径，否则平移出来的刀路和图样要求会有误差。为了验证程序的正确性，先将程序后处理出来，如图 1-89 所示。

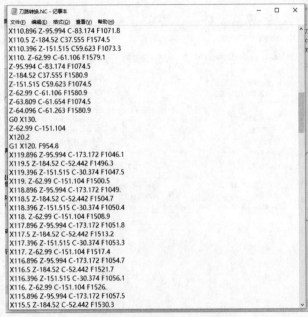

图 1-89　刀路转换之平移程序

为了验证程序，这里将用到刀路仿真软件 CIMCO Edit 8.06.00 来打开刚才后处理出来的程序，这个软件可以很好地验证刀路轨迹，如图 1-90 所示。

图 1-90　CIMCO Edit 8.06.00 软件仿真界面

在仿真之前，先选择机床，并设置旋转轴。单击"设置"，弹出对话框，"控制器类型"选择"Fanuc Laser/Plasma/Punch"，勾选"启用 4/5-Axis 仿真"，如图 1-91 所示。

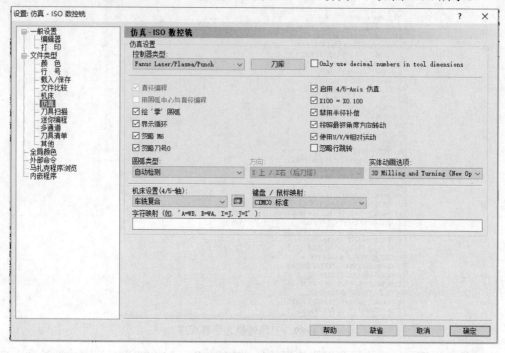

图 1-91　仿真设置

然后在"机床设置（4/5- 轴）"里单击编辑机床设置 按钮，弹出"5 轴操作配置"对话框，增加一个车铣复合，在"类型"里选择"其他"，将"第 2 轴"改为"C/ 机床托板"，最小、最大角度可以根据机床实际数值来填写，如图 1-92 所示。

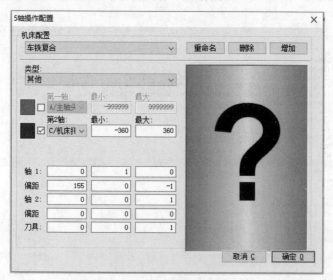

图 1-92　5 轴操作配置

设置完成后直接单击"确定"按钮，这个时候就可以仿真了。单击"窗口文件仿真"，窗口就会有刀路出现，如图 1-93 所示。

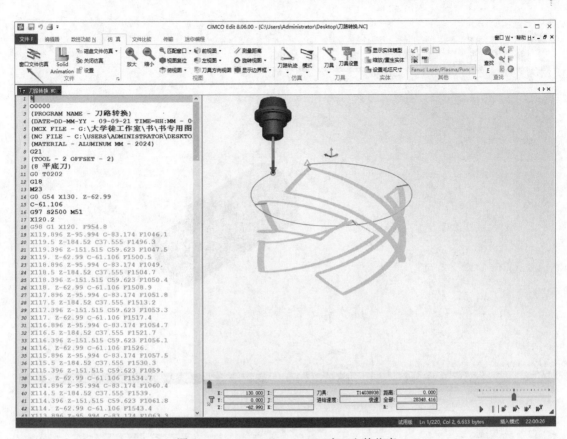

图 1-93　CIMCO Edit 8.06.00 窗口文件仿真

通过图形可以看到，模拟时，刀轴明显是在 G17 平面，而这个刀路应该是在 G18 平面才对，这是因为目前 CIMCO 低版本软件还不支持车铣复合多平面的自动识别，多轴刀路也无法正确识别轴向，所以这个刀路仿真只具有参考意义。

## 1.5　刀路修剪的操作

Mastercam 软件的 2D 刀路一般以线为主，所以很多刀路不能依照毛坯来计算切削范围，这就导致了刀路有很多空刀，如果是数量不多的单散件还无所谓，但大批量就会要求空刀要少，速度要快。可以用刀路修剪这个功能来修剪掉多余的空刀，这样可以提升加工效率。这里有一个四轴铣扁的工件，用常规的径向外形来做个刀路，如图 1-94 所示。

图 1-94 所示的工件只需要加工出一个平面（铣个扁位），这个相对比较简单。所以先将刀路快速地做出来，如图 1-95 所示。

从图 1-95 中的刀路可以观察到，刀路是以轮廓为基准，上面有很多空刀路，这样加工起来会使效率降低，所以得想办法解决掉。

这就需要用到刀路修剪功能。在修剪之前，要根据刀具的半径做出一个修剪范围，这个工件比较简单，直接绘制一个圆形就可以，如图 1-96 所示。

图形绘制好以后，在"铣削"菜单里单击"刀路修剪"，弹出"串连选项"对话框，提示选择修剪的边界，也就是刚才绘制好的图素，如图 1-97 所示。

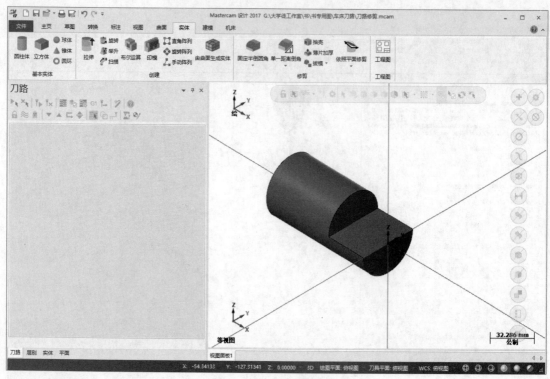

图 1-94　径向外形工件

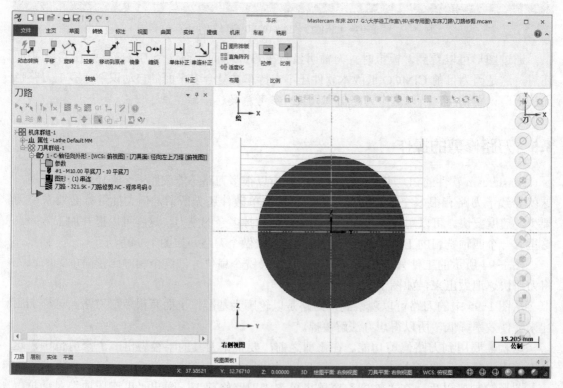

图 1-95　径向外形刀路

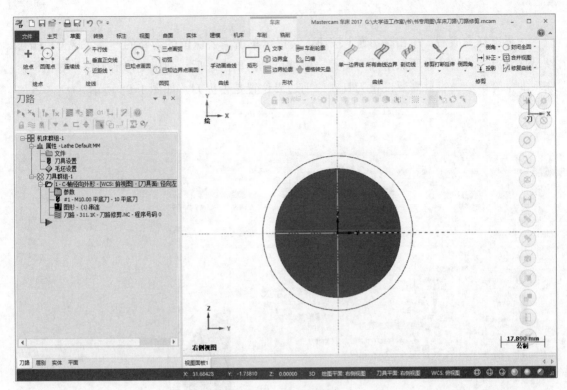

图 1-96　修剪用图素

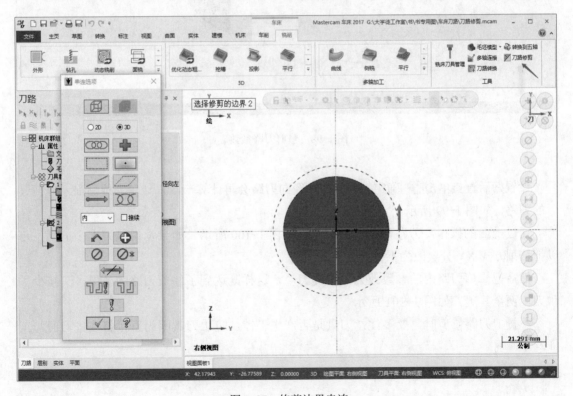

图 1-97　修剪边界串连

边界选择完成后，单击✓确定按钮，会提示单击需要保留的刀路的一侧，这个单击可以是任意点，只要是需要保留的刀路那一侧就可以。单击之后，弹出"修剪刀路"对话框，选项非常简单，一般只需要设置刀具在修剪边界位置是否提刀，如图 1-98 所示。

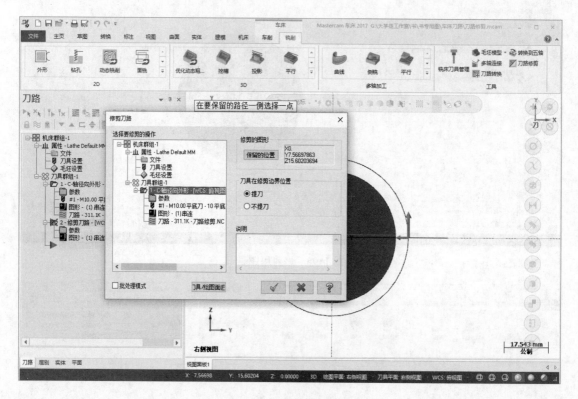

图 1-98　修剪刀路参数

设置好后直接单击✓确定按钮，C 轴径向刀路会再计算一次，计算完成后显示修剪过后的刀路，如图 1-99 所示。

通过上面的操作，刀路修剪就完成了，如图 1-100 所示。如果觉得跳刀太多的话，可以把铣削方式 XY 分层改为不提刀。

然后把修剪刀路内的参数改为"不提刀"，这样既达到了修剪刀路的效果，又减少了跳刀，两全其美，如图 1-101 所示。

不提刀刀路修剪时，要多注意刀具是否产生干涉，防止刀具因为直接斜线进刀而与工件发生碰撞。

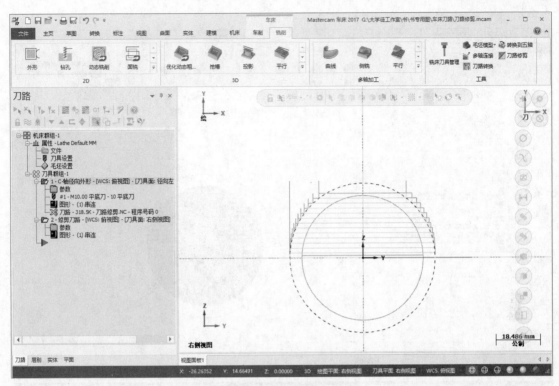

图 1-99　刀路修剪后效果

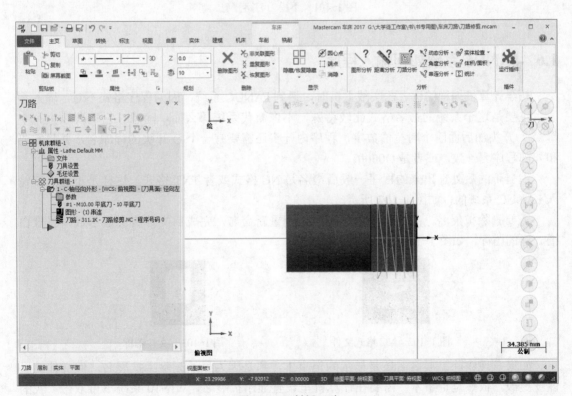

图 1-100　斜插刀路

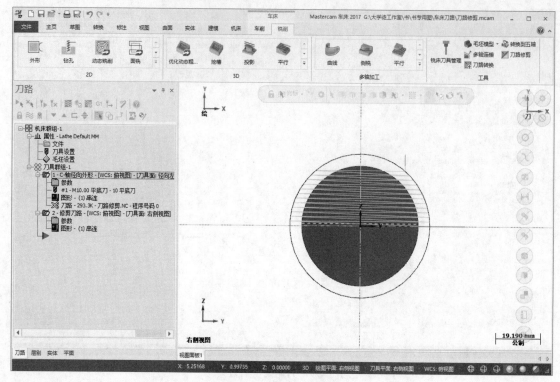

图 1-101　不提刀刀路修剪

## 1.6　FANUC 系统如何输入程序

初学计算机编程的读者在实战上机时，遇到 FANUC 系统，因为程序格式不对，输入不了，主要是这个系统的命名格式比较特殊，不像新代系统那么简单随意，它需要以大写字母 O 为开头加后面四个阿拉伯数字，程序内开头还需要有一个 O 开头的程序名，并且需要和外部程序名一致，或者是 O0000。

用自带的后处理出来的程序一般后缀名是 NC 格式或者 TXT 格式，这样是不能直接输入 FANUC 系统的，如图 1-102 所示。

需要删除扩展名，并将程序名称按照规则重新命名，完成后文件将会显示成一张像白纸一样的图标，如图 1-103 所示。

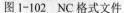

图 1-102　NC 格式文件

图 1-103　文件图标

如果发现删除扩展名后还是显示为记事本，那是因为虽然删除了扩展名，但文件的属性没更改，依然是记事本。需要在计算机里设置显示扩展名，WIN10 系统下可双击"我的电脑"，单击"查看"，勾选"文件扩展名"，如图 1-104 所示。

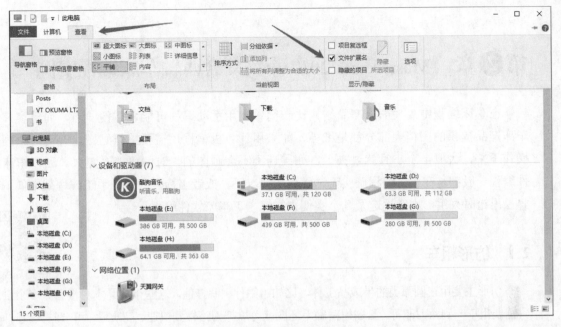

图 1-104　显示文件扩展名

　　更改完成后记事本文件的扩展名就会完全显示，这个时候删除扩展名会弹出提示，询问是否要更改，单击"是"，这样文件就会变成和图 1-102 一样的效果，这样文件就可以被输入到机床了。如果有读者觉得这样操作很麻烦，可以直接在机床上输出一个文件，然后把文件内容替换掉，并且更改程序名称，然后再输入机床，这样也可以完成程序的输入。

# 第❷章　Mastercam 2017 车铣复合两轴车床编程实例 >>>

在车床编程中，大部分产品结构比较简单，用手动编程可能还方便一点，而且客户的车床产品提供的图档大部分都是纸档，如果用计算机编程还需要重新画图，等这一系列的操作下来，大概半个小时就过去了，如果遇到不会画图的，时间可能会更久。所以车床软件编程一般都是在手工编程确实无法胜任的情况下，或者坐标点太多、手工编程效率低下、容易出错时采用。本章挑选了几个实例来加深一下车床软件编程。

## 2.1　仿形粗车

扫一扫看视频

仿形主要用在圆弧类的半成品工件，比如铸铝件、锻打件，这些半成品本身没有太多余量，只需要粗车一到两刀即可。只需用精确毛坯图就可以把刀路做到快速、高质量，可节省大量时间。

如图 2-1 所示，这是一个铸铝件，外径的各种形状不需要加工，只需加工内圆弧面，毛坯的余量也不多，由于没有毛坯的 3D 图，在这里假设内圆弧面有 1.0mm 的余量，然后根据余量来对这个工件进行编程。

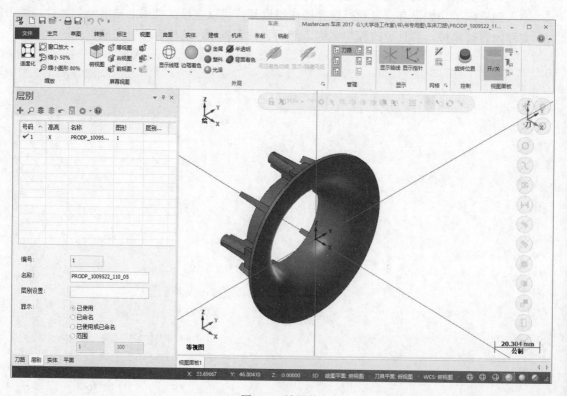

图 2-1　铸铝件

## 2.1.1　毛坯处理

在编程之前，先对毛坯做一个处理。根据实体进行一个推拉的操作，将内圆弧偏移出 1.0mm 的距离。在推拉的过程中，当系统提示"单击箭头可开始移动选择的实体面 / 边界"时，直接输入数值，如图 2-2 所示。

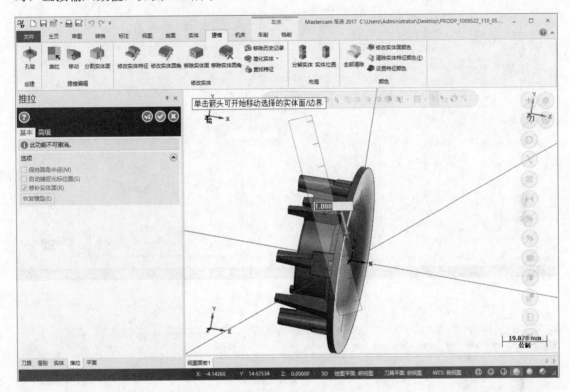

图 2-2　轮廓向右补正

通过上面的简单操作完成了毛坯的绘制。在实际加工中，毛坯没有这么标准，铸铝件通常有浇铸口、大披锋，或者一些凹凸不平的形状，在编程时要把实际的轮廓线绘制准确，编程时刀路才会将这些不规则的形状进行单独切削，而不会因为余量不均而产生崩刀的现象。

接下来要将上面延伸的图形选择为毛坯，这样仿形粗车刀路才能正确计算刀路。选择时先将"图形"切换为"实体图形"，再选择刚才的图形，如图 2-3 所示。

实体毛坯设置好后，就可以来做仿形刀路了。通过未修改过的实体来做出车削轮廓线，然后把实体隐藏，只显示车削轮廓线，如图 2-4 所示。

## 2.1.2　选择刀具

由于这个图形是凸出，有两个方向的壁边，也就等于要补偿两个方向，所以要选择一把可以车削两个方向的刀具，首选 VCMT-11T304 刀片，也就是通常说的 35°刀片，并配上相应的内孔刀杆，如图 2-5 所示。

确定好刀具后，就可以对这个图形进行编程。因为这个图形非常简单，只需要加工内圆弧，所以选择图形时只选择（串连）内圆弧，如图 2-6 所示。

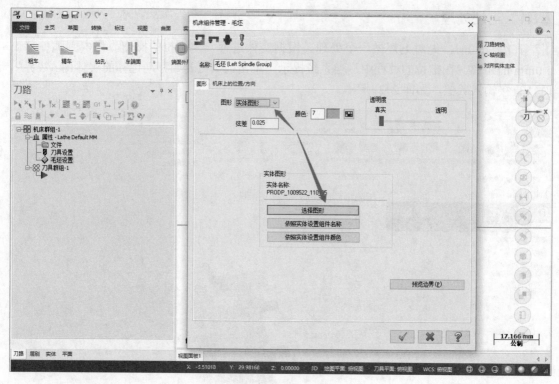

图 2-3　选择实体毛坯

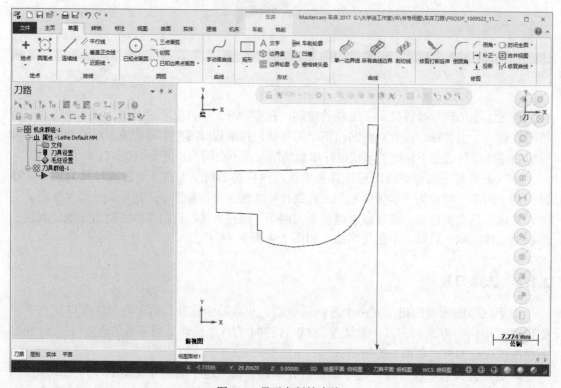

图 2-4　显示车削轮廓线

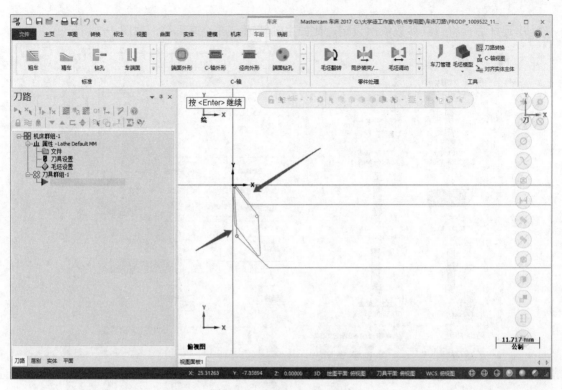

图 2-5 VCMT-11T304 刀片

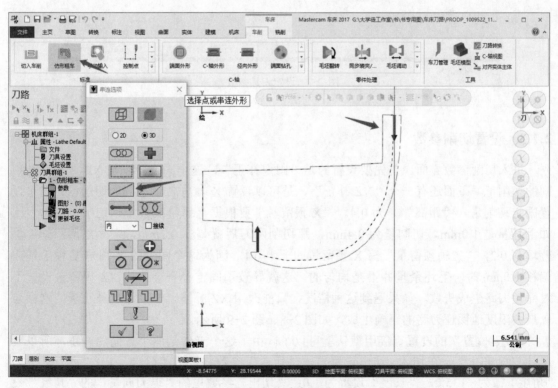

图 2-6 串连内圆弧

串连好后，将刀具参数依次设定，比如主轴转速、进给速率等，如图 2-7 所示。

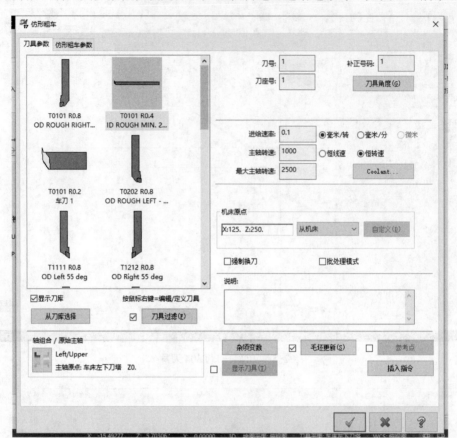

图 2-7  设定刀具参数

## 2.1.3  设置切削参数

进入切削参数界面，首先要设置的是"固定补正"，这个固定补正是 XZ 方向都是相同的切削量，下面还有一个"XZ 补正"，是可以设置 X 轴与 Z 轴不同的切削量。这里设置固定切削量（"距离"）为 0.4。"X 预留量"要根据毛坯量减去实际切削量得出，比如毛坯量是 1.0mm，切削量为 0.4mm，那切削两刀后就剩下 0.2mm，在"X 预留量"里就填写 0.2，"Z 轴预留量"写 X 预留量的一半 0.1。因为这个图形的 X 轴与 Y 轴毛坯在偏移 1.0mm 时，毛坯余量并不是均匀的，这就导致了固定补正会因为 XZ 预留量设置不对而使刀路生成失败。如果遇到这种情况，只能改用 XZ 补正，分别设置补正量，这样可以最大限度地保证刀路的正确生成，如图 2-8、图 2-9 所示。

"校刀位置"的设置直接用默认就可以了。由于这个工件是两个方向的补正，所以要用计算机来补偿。在切入 / 切出设置里，"切入"参数将进刀"延伸"1.0，将刀具进刀"角度"改为 −135.0，"长度"设置为 1.0；"切出"参数里的"退刀向量"的"角度"设为 −90.0、"长度"设为 0.5，完成之后单击 ☑ 确定按钮，如图 2-10、图 2-11 所示。

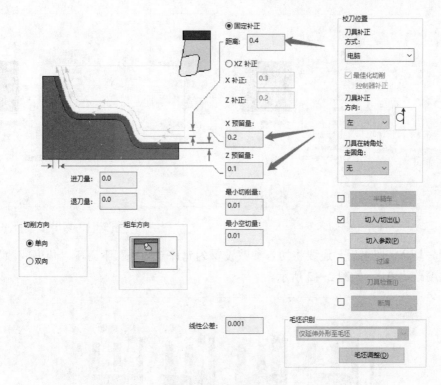

图 2-8　固定补正设置

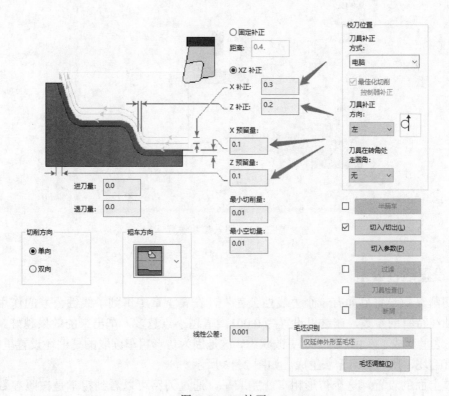

图 2-9　XZ 补正

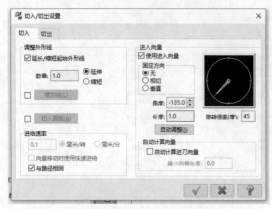
图 2-10    切入

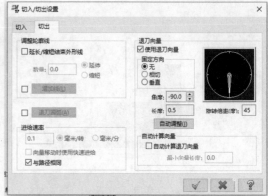
图 2-11    切出

设置好切入/切出后，还要将切入参数设置为允许双向垂直下刀，"角度间隙"里的前角后角角度改为 0.0，如图 2-12 所示。

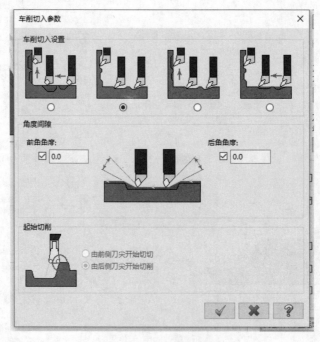
图 2-12    切入参数设置

## 2.1.4    设置线性公差

在切削参数设置界面有一个"线性公差"，在第 1 章中讲到了线性公差的作用，这个是样条曲线特有的参数，在这里设置为 0.001，值越小点越多，车出来的效果越好。"毛坯识别"在这里变成了灰色，为不可更改状态，这是因为仿形粗车读取的是毛坯设置里的毛坯，由于没有毛坯，所以刀路无法生成。如图 2-13 所示。

通过上面的设置，这个仿形粗车就完成了。通过刀路可以看到粗车是按照参数进行了分层切削，并且是依照形状进行的，这个就是仿形粗车的特点，如图 2-14 所示。

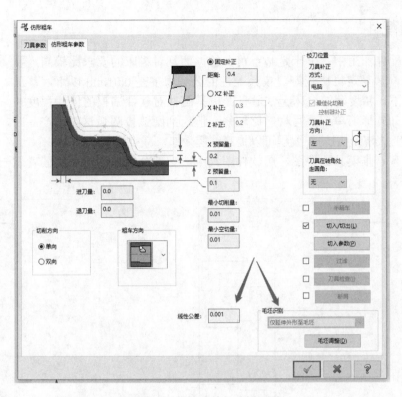

图 2-13　线性公差与毛坯识别

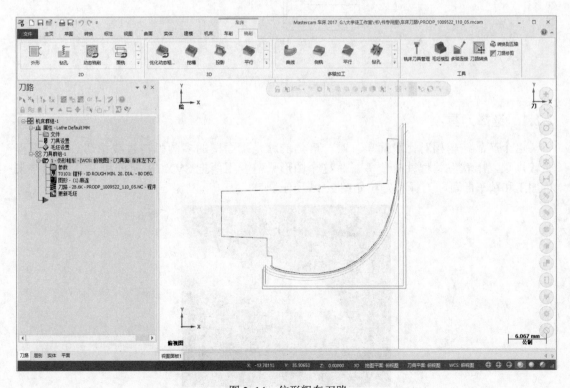

图 2-14　仿形粗车刀路

## 2.2  模具配件

扫一扫看视频

在模具配件加工中，车床是必不可少的，而且对机床的要求比较高，要求精度稳定，重复定位比较好。模具配件的公差很多是 0.01mm 以下，甚至 0.003mm 以下，精度差的机床无法胜任。模具配件对软件编程的依赖程度并不高，大部分外形简单，手写程序比较快，但遇到圆弧接圆弧这类的产品时，就需要依赖 CAD 来计算坐标点，用软件编程可以提高编程效率，减少错误。

在这里有一张模具配件图，用软件编其中的一部分精车图形来给读者做一个参考，如图 2-15 所示。

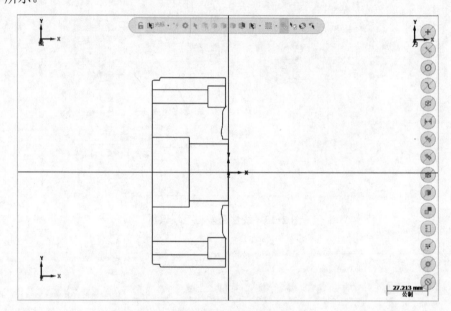

图 2-15  模具配件

## 2.2.1  选择刀具

这个产品结构相对比较简单，唯一麻烦的就是端面槽的多圆弧与直线相切，手工编程比较烦琐，用软件编程就方便多了。这个图形只需要用两把 SVXCR 刀杆和 VCMT 刀粒来粗加工和精车即可，刀杆和刀粒如图 2-16 所示。

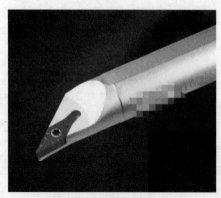

图 2-16  刀杆与刀粒

## 2.2.2　端面粗车

刀具确定好之后，就开始做刀路了。首先按照常规操作将毛坯设置好，用外圆刀将外轮廓粗车，并且外径留余量，为下道工序精车留出足够精修量，如图 2-17 所示。

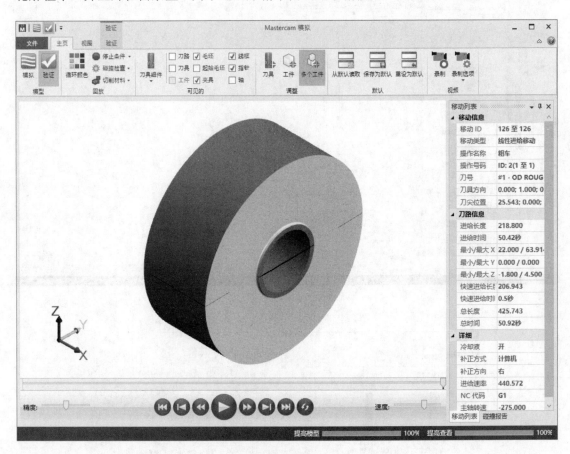

图 2-17　粗车外形

然后就可以做端面槽刀路了。在这里先对端面槽进行粗加工，选择粗车刀路，串连加工路径，如图 2-18 所示。

## 2.2.3　设置刀具

串连完成后会弹出参数设置界面，首先要设置的是刀具，可能很多读者在默认的刀库以及其他刀库文件里找不到图 2-16 所示的刀具，这个时候需要根据现有的刀具来进行灵活设置。选择一把 VNMG 的刀具，如图 2-19 所示，双击 T2222 刀具，然后弹出定义刀具对话框，切换到"刀杆"选项卡界面，把"刀杆断面形状"切换为圆形，如图 2-20 所示。

切换完成后，再单击右上方的"设置刀具"，弹出"车刀设置"对话框，将"架刀位置"更改为"水平"，不要用刀具角度里的旋转，因为刀具跨象限旋转会造成刀具对刀点错误，如图 2-21 所示。

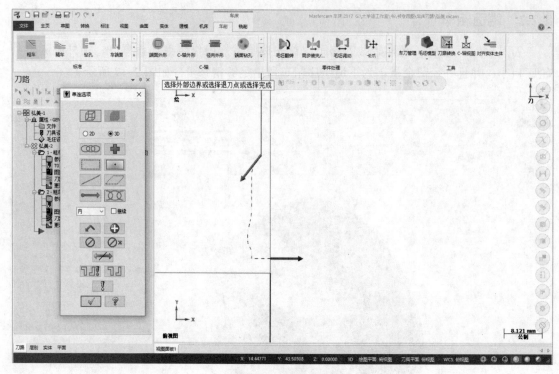

图 2-18   部分串连

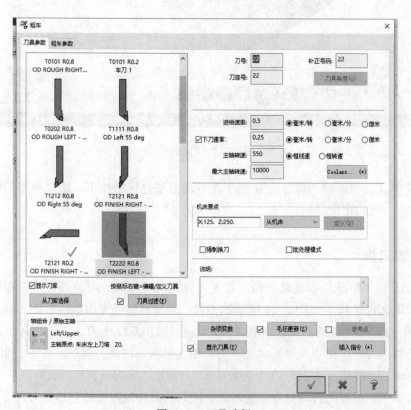

图 2-19   刀具选择

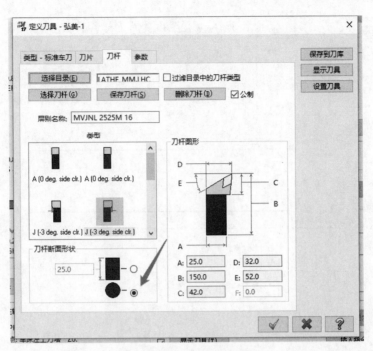

图 2-20　刀杆断面形状设置

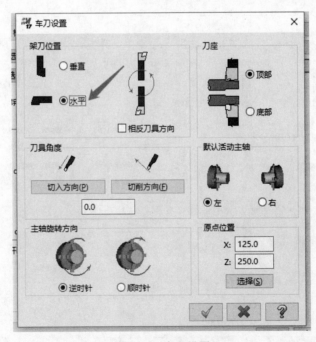

图 2-21　车刀设置

设置完成后单击 ✔ 确定按钮，然后单击"显示刀具"，会显示出设置刀具的二维图，如图 2-22 所示。

如果没有问题直接按回车键，返回刀具设置界面，再单击 ✔ 确定按钮，回到"刀具参数"选项卡，更改刀号偏置号，设置进给速率及主轴转速，如图 2-23 所示。

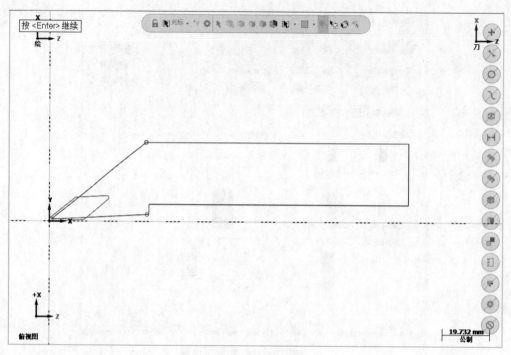

图 2-22　刀具示意图

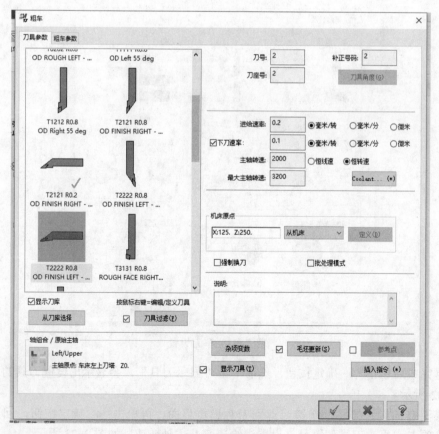

图 2-23　刀具参数设置

## 2.2.4　设置粗车参数

进入"粗车参数"选项卡更改几个主要的参数：切削深度、进入延伸量、XZ 预留量、切入 / 切出、车削切入参数，如图 2-24 ～图 2-27 所示。

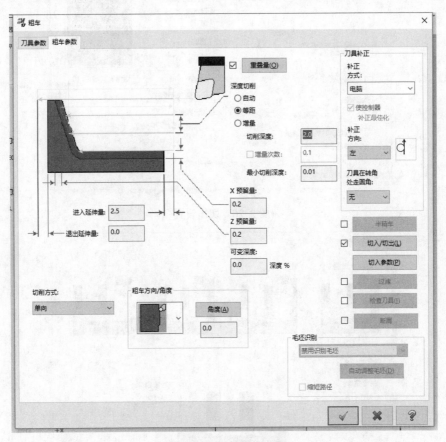

图 2-24　粗车参数设置

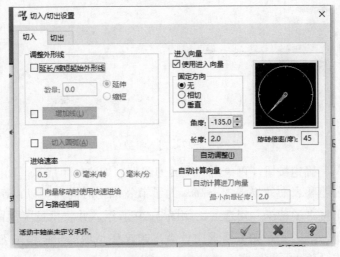

图 2-25　切入设置

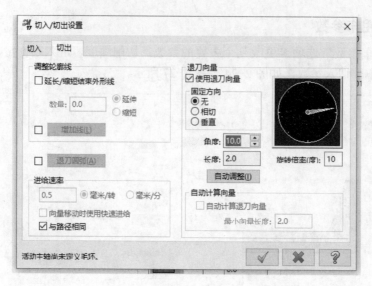

图 2-26　切出设置

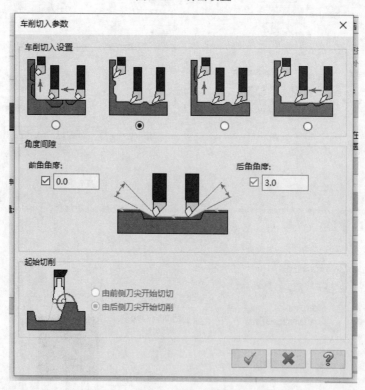

图 2-27　切入参数

完成后单击  确定按钮，再单击"生成刀路"，刀路就生成了，如图 2-28 所示。

如果工件的公差和表面效果要求不高，为了节省加工时间，可以粗精车一把刀完成，直接在粗车刀路里将"半精车"勾选上，如图 2-29 所示。并将余量（预留量）设置为 0，就可以实现粗精车一把刀了。如果要求比较高，建议还是增加一把精车刀来完成精车。单击精车刀路，串连时单击  选择上次按钮，如图 2-30 所示。

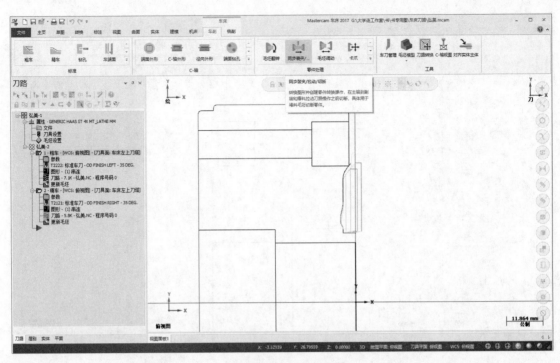

图 2-28　粗车刀路

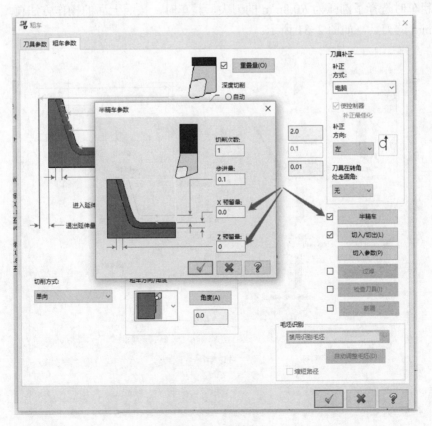

图 2-29　半精车

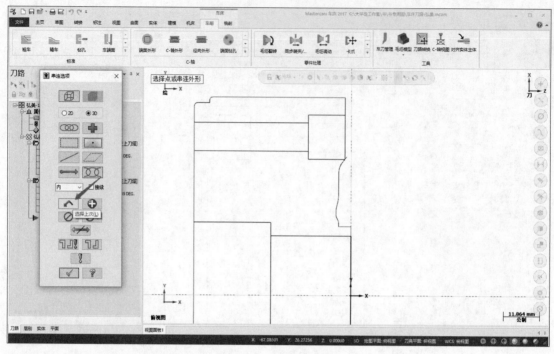

图 2-30　选择上次串连

前面粗车时选择了圆弧为 $R0.8$mm 的刀尖，精车时，按照上面的操作方法再增加一个圆弧为 $R0.2$mm 的刀具，如图 2-31 所示。

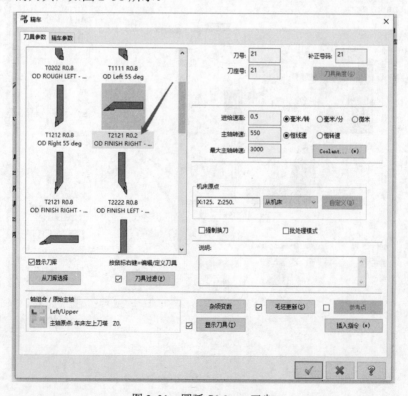

图 2-31　圆弧 $R0.2$mm 刀尖

其他参数按照正常车削参数填写即可，然后单击 ✓ 确定按钮完成刀路运算，这样就完成了精车刀路，如图 2-32 所示。

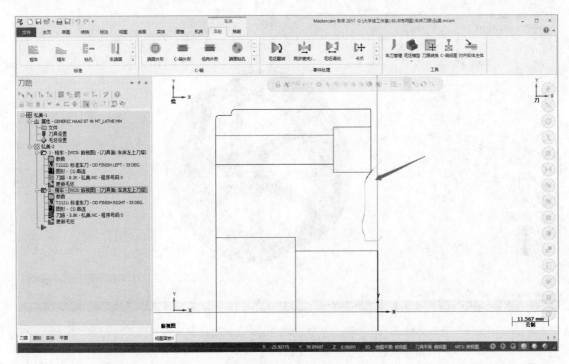

图 2-32　精车刀路

## 2.3　轮毂车削

在二轮摩托车和小型四轮汽车定制轮毂中，经常需要用到车床来对轮毂外形进行粗加工及最后的精车，以保证同心度及动平衡。轮廓尺寸一般比较大，常见的有 15in（1in=0.0254m）、16in、17in、19in 等一系列尺寸。为了节省成本，一般用铝材冲压或者锻压出大概外形，再通过车床和铣床进行后道工序的加工。图 2-33 所示为二轮摩托车 19in 定制轮毂。

### 2.3.1　工艺分析

由于这个毛坯不是规则的圆柱体，而是半成品，且尺寸并不一致，如果用手动编程，工程量巨大，加工时没有效率。所以需要用软件编程，并且把毛坯的图形导入进去参与刀路计算，如图 2-34 所示。

下面分析一下车床工序的加工顺序：为了更稳定的夹持，先将毛坯外圆两边修整出夹持位，然后夹持外圆将两边的内腔及内孔粗车，并且将两边的内腔留出 1.5mm 左右余量，上 CNC 加工中心铣过之后，再半精车，去除因铣削产生的变形，最后再做一套内全包工装，用螺杆的固定方式将工件锁在工装上，粗精车外圆。这样就完成了整个轮毂的车削工序。

图 2-33　二轮摩托车 19in 定制轮毂

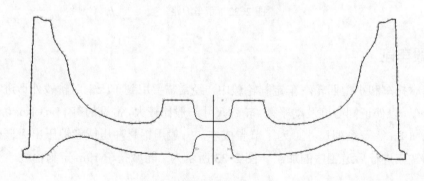

图 2-34　毛坯描点图

在软件里选择两轴车床，并通过对齐实体主体的方式将轮毂的原点及加工方向确定，如图 2-35 所示。

## 2.3.2　合并毛坯图

把毛坯的描点图合并进去，并将毛坯图放置在工件的中间，这样可以将两边的粗车余量调整为相差不大。在软件界面单击"文件"，弹出对话框，单击"合并"，如图 2-36 所示。

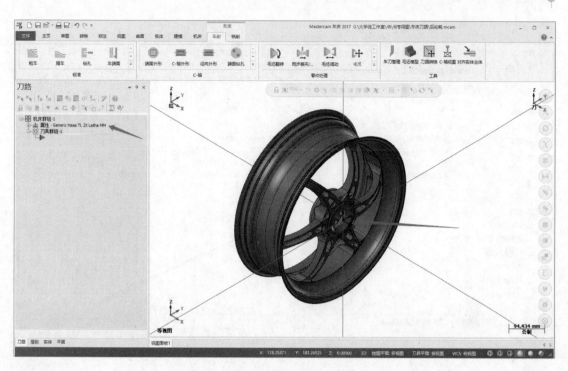

图 2-35　轮毂确定加工原点及加工方向

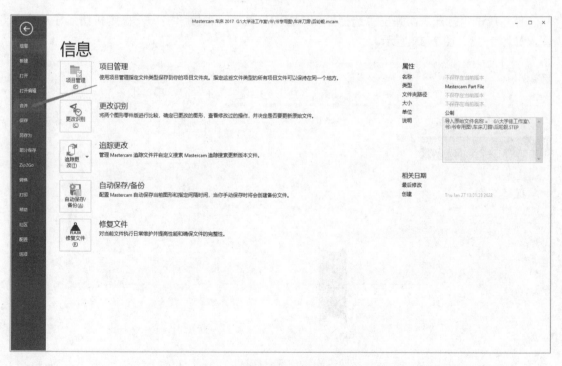

图 2-36　合并

找到轮毂的毛坯图，因为这个毛坯图是 DWG 格式，所以要将文件格式切换到 CAD 格式，或者全部文件，这样就可以显示出轮毂毛坯图，如图 2-37 所示。

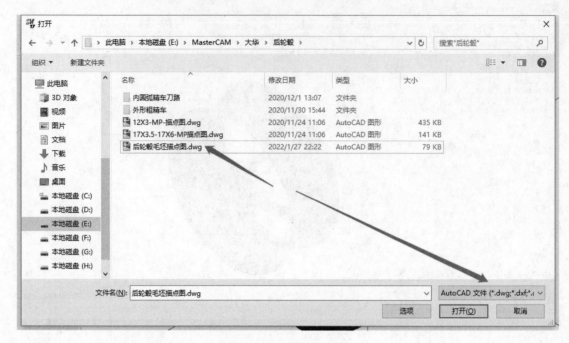

图 2-37　切换文件格式

　　然后单击"打开"，弹出"选择导入工程图"菜单，直接单击 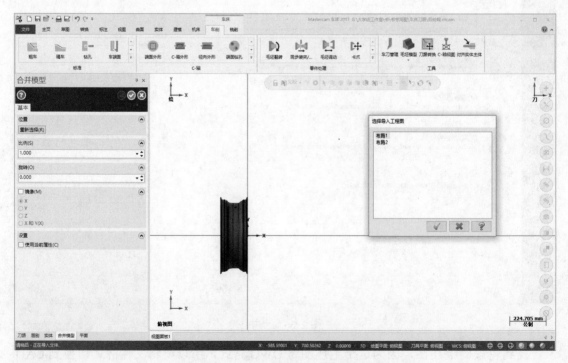 确定按钮，导入毛坯图，如图 2-38、图 2-39 所示。

图 2-38　弹出"选择导入工程图"菜单

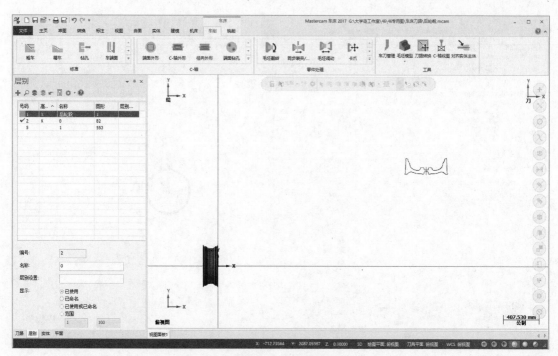

图 2-39 毛坯图

毛坯图导入后，先更改图层并隐藏，以便和实体图区分开。接下来要将车削轮廓提取出来，新建一个图层，并命名为"车削轮廓"，如图 2-40 所示。

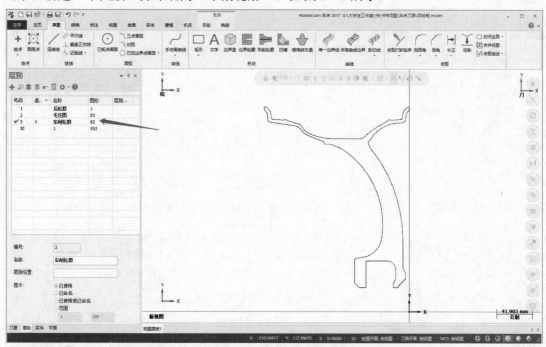

图 2-40 新建车削轮廓及图层

提取出车削轮廓之后，就要将毛坯放置在工件轮廓居中的位置，把刚才导入的毛坯旋转 90°，如图 2-41 所示。

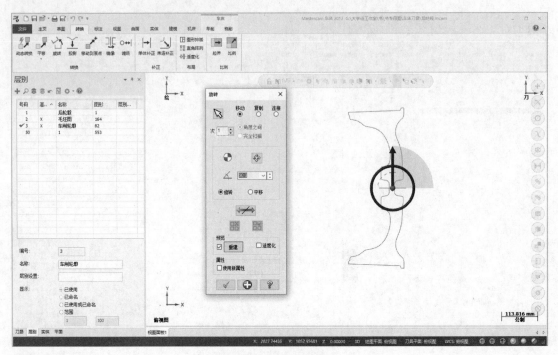

图 2-41　旋转毛坯 90°

这样就和工件的方向一致了，然后用平移的方式将毛坯移动到与工件左右对称的位置，如图 2-42 所示。

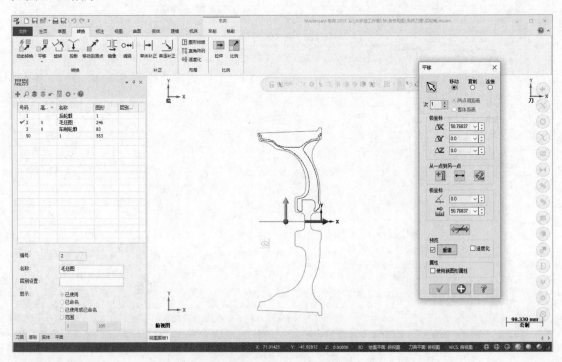

图 2-42　毛坯与工件对齐

接着把毛坯的下半部分修剪掉，因为毛坯用旋转方式只需要一半就可以。另外，毛坯已经通过夹持位粗加工过，内孔也钻过孔并粗车，所以要根据加工数据再将毛坯图稍作修改，如图 2-43 所示。

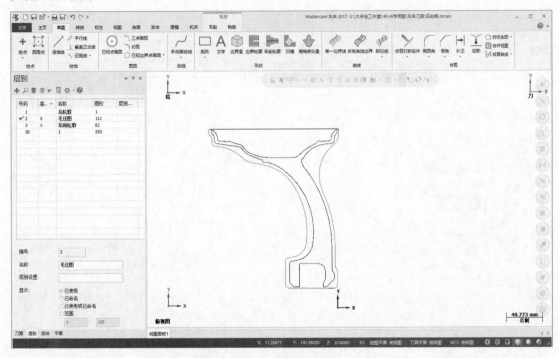

图 2-43　修改毛坯图

通过与客户沟通，气门孔加厚块是后续焊上去的，所以工件图上必须把气门孔加厚块突出来的地方车掉，工件图要做一个相应的修改，还有另一面的内腔相接面将内凹面改成相切圆弧，如图 2-44、图 2-45 所示。

图 2-44　气门孔加厚块

### 2.3.3　设置毛坯

毛坯图与工件图修改完成后，可以开始进行下一步了。首先设置毛坯，毛坯方式用旋转，如图 2-46 所示。

　　然后选择刚才修改完成的毛坯，如图 2-47 所示。

　　接着单击 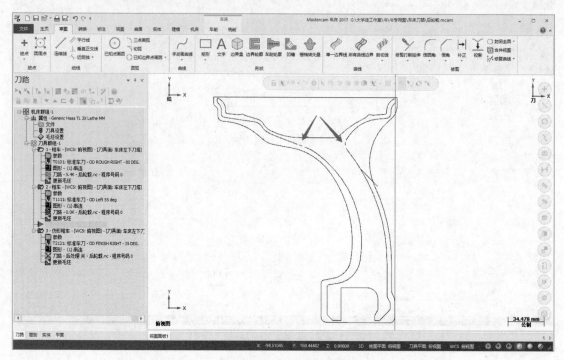确定按钮，单击"预览边界"，就可以看到设置的毛坯外形，如图 2-48 所示。

图 2-45　工件图修改

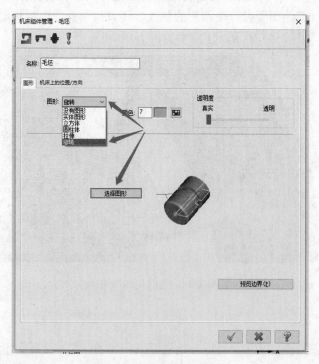

图 2-46　以毛坯方式旋转

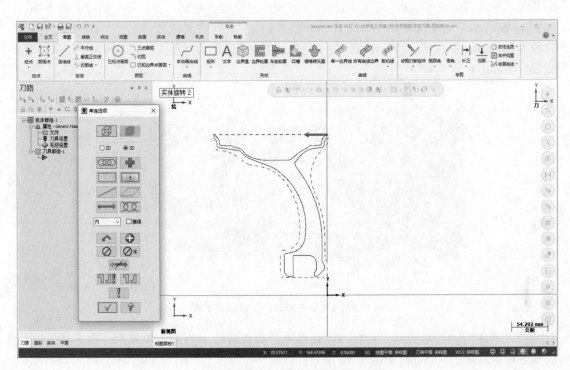

图 2-47　选择毛坯轮廓

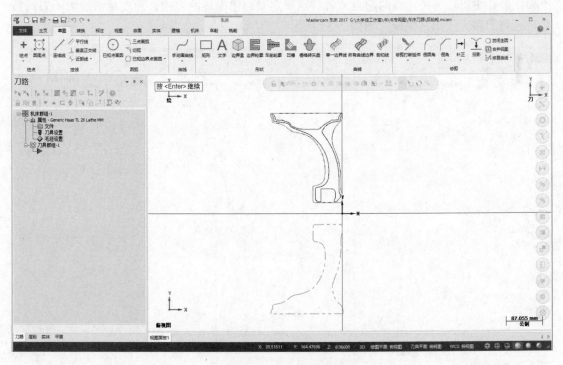

图 2-48　毛坯边界预览

设置完成后把毛坯图和毛坯边界都隐藏，这样便于图形串连。因为要用四工位大机床来加工，所以刀位能省就省，有时因为刀具过长，需要用一把装一把，不用的需要拆下来。如图 2-49 所示，这是沈阳第一机床厂生产的 CAK63 系列四工位数控车床，床身最大回转直径为 630mm，加工 19in（1in=0.0254m）轮毂绰绰有余。在实际加工中，用的也是这款机型，比较经济实用。

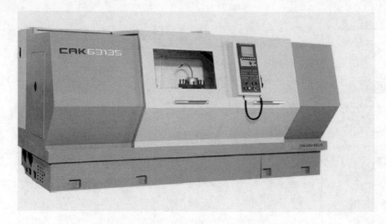

图 2-49　CAK63 系列四工位数控车床

由于毛坯的余量不均匀，先做一根辅助线，将余量较大的地方先粗车，剩下余量较少的地方用仿形粗车，辅助线如图 2-50 所示。

在绘制辅助线的时候一定要注意，辅助线的起点或者终点一定要在工件轮廓线端点处，不要绘制在中点。另外，线的起点或者终点一定要超出毛坯的范围，角度尽可能大于刀具后角，否则刀路无法正常生成，如图 2-51 所示。

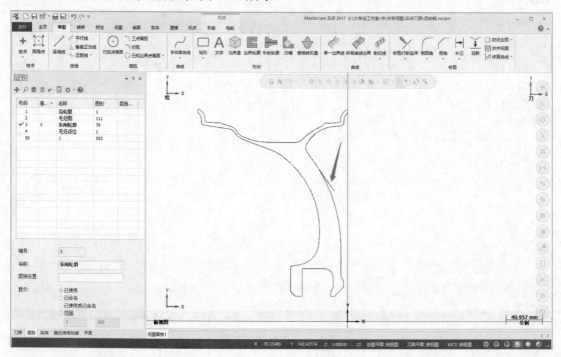

图 2-50　车削辅助线

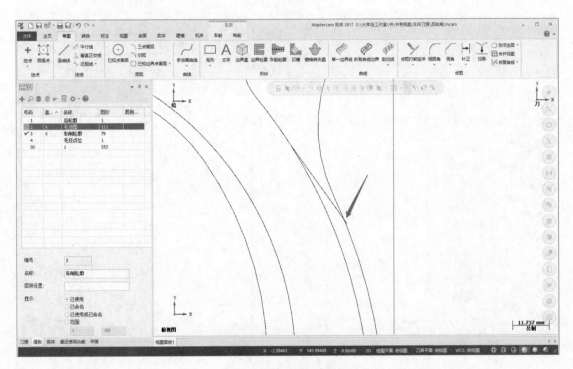

图 2-51　辅助线的范围

### 2.3.4　创建粗车刀路

完成辅助线之后，开始做粗车刀路。首先将端面和外圆都粗加工，以便于两工序夹持时能保证同心度，用粗车刀路粗车端面和部分外圆，外圆长度以超过夹持范围即可。单击"粗车"，弹出"串连选项"对话框，选择端面的线，如图 2-52 所示。

选择一把刀尖圆弧 $R0.8mm$ 的右手刀具，并设置相应的刀具参数，如图 2-53 所示。

然后设置粗车参数，粗车"切削深度"为 2.0，"X 预留量"为 0.0，"Z 预留量"为 1.0，"进入延伸量"为 1.0，"粗车方向 / 角度"改为第三种：从上至下，刀具"补正方式"为"电脑"，"补正方向"为"左"，"毛坯识别"改为"剩余毛坯"，如图 2-54 所示。

接着设置切入 / 切出，"进入向量"改为 –90.0、"长度"为 1.0，切出要把轮廓线延长，根据毛坯延伸出 9.0mm，"退刀向量"改为 0.0、"长度"为 1.0mm，然后单击 ☑ 确定按钮，刀路会自动生成。生成的刀路如图 2-55 所示。

然后进行外圆粗车，在串连外形时，选择毛坯的外形，如图 2-56 所示。

刀具还是用刚才车端面的圆弧为 $R0.8mm$ 的外圆刀，刀具参数直接按照图 2-53 所示设置。设置粗车参数，设置"X 预留量"为 –0.2、"Z 预留量"为 0.0，"补正方式"为"关"，禁用毛坯识别；切入 / 切出里的切出轮廓线缩短至一半，其他默认，如图 2-57、图 2-58 所示。

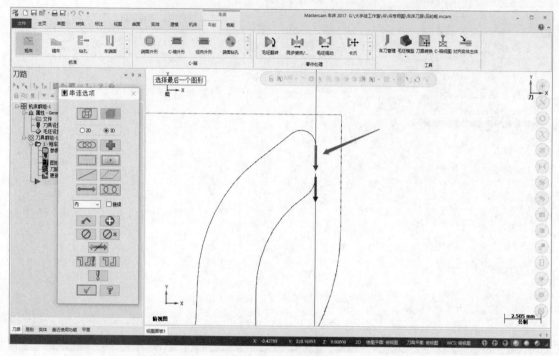

图 2-52　串连端面

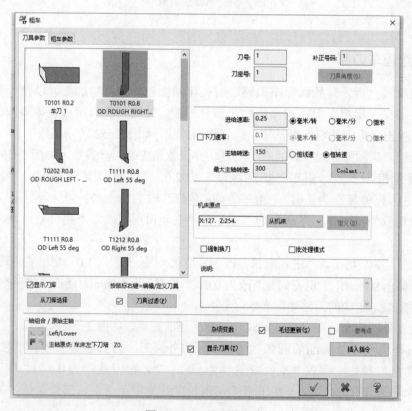

图 2-53　刀具参数设置

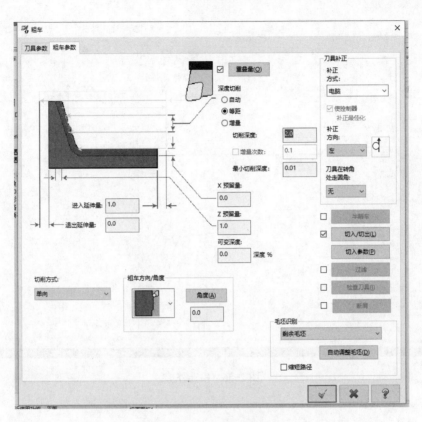

图 2-54　粗车参数设置

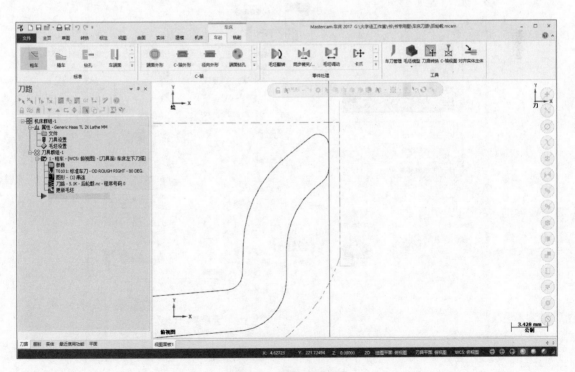

图 2-55　粗车端面刀路

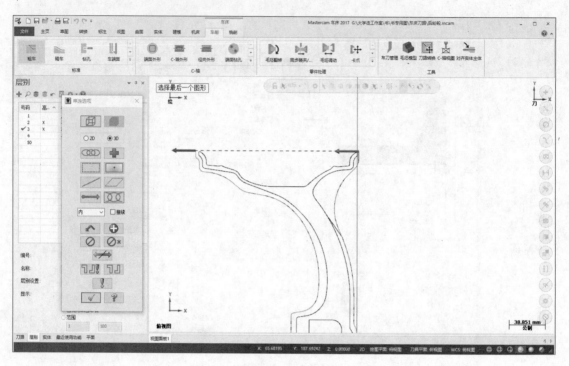

图 2-56　串连外形

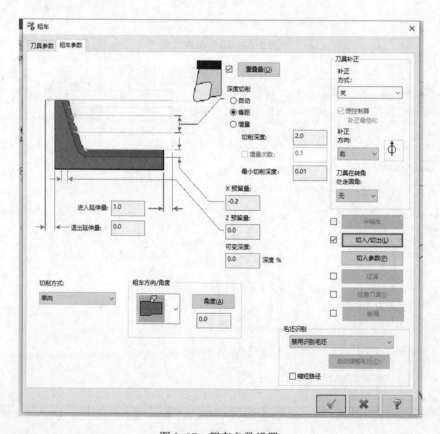

图 2-57　粗车参数设置

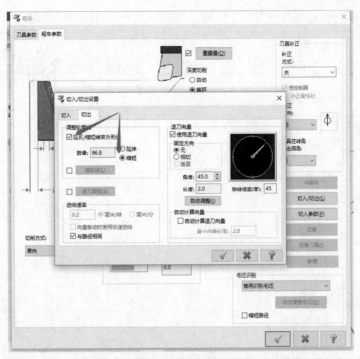

图 2-58　轮廓线缩短

设置完成后单击 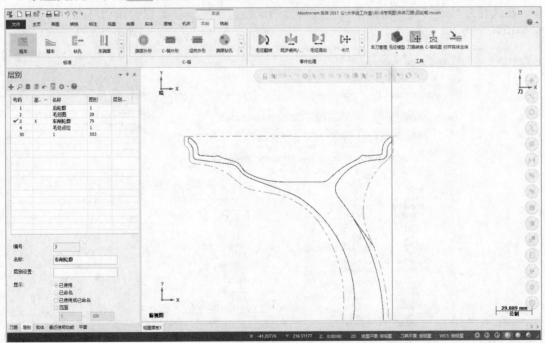 确定按钮生成刀路，如图 2-59 所示。

图 2-59　粗车外圆刀路

## 2.3.5　创建沟槽刀路

端面和外圆粗车后，再粗车内槽。由于这个槽有倒扣结构，而且槽比较深，常规的内槽刀杆会振刀，所以需要定制防振刀杆。选择"沟槽"命令，串连内槽轮廓，如图 2-60 所示。

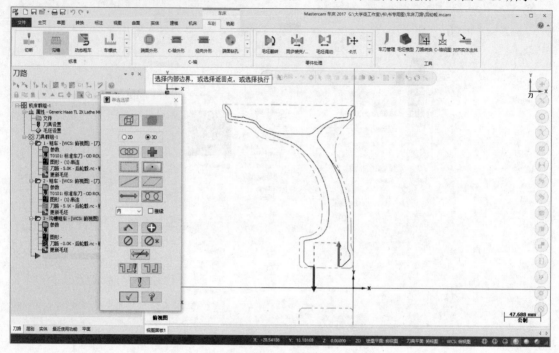

图 2-60　串连内槽轮廓

在选择刀具时，要分别测量内孔及内槽的深度，根据测量数据制作相对应的刀具，如图 2-61 ～图 2-63 所示。

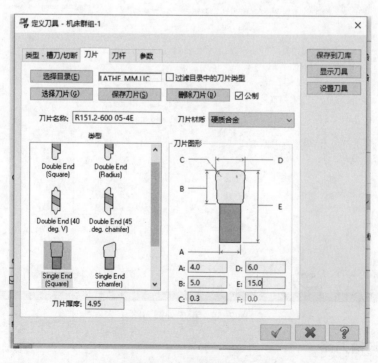

图 2-61　刀片参数设置

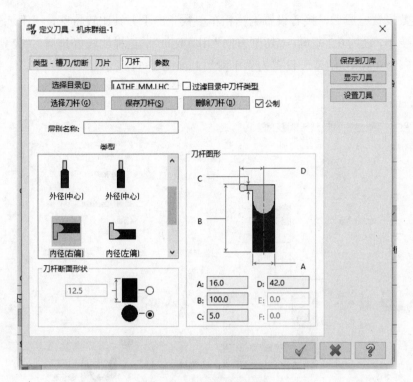

图 2-62　刀杆参数设置

图 2-63　刀具预览图

刀具参数设置完成后，接着设置沟槽粗车参数。由于刀具比较特殊，"毛坯安全间隙"设置得相对要小，设为 0.2 即可，"切削方向"用"双向"，这样比较好排屑。"X 预留量" 0.5，"Z 预留量"为 0.8，"槽臂"设置为"平滑"，如图 2-64 所示。

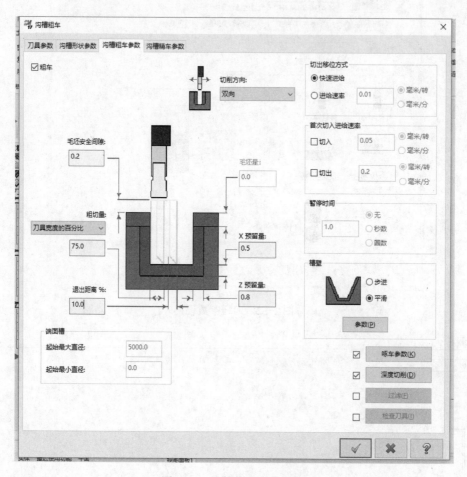

图 2-64 沟槽粗车参数设置

然后设置啄车参数和深度切削来对槽进行分层切削，啄车参数每次切削"深度"为 2.0，"退出量"为 0.5，设置为"增量坐标"，沟槽分层"每次切削深度"为 6.0，"深度之前移动方式"为"双向"，"退刀至毛坯安全间隙"为"增量坐标"，如图 2-65 所示。

沟槽不需要精车，所以关掉沟槽精车参数，然后单击 ✔ 确定按钮并生成刀路，如图 2-66 所示。

内槽粗车刀路生成时会提示执行快速移动时超过刀具活动的限制区范围，这是因为没有精车刀路，粗车完成后没有相应的退刀点，可以选择新点，只要让刀具退出内槽即可，如图 2-67 所示。

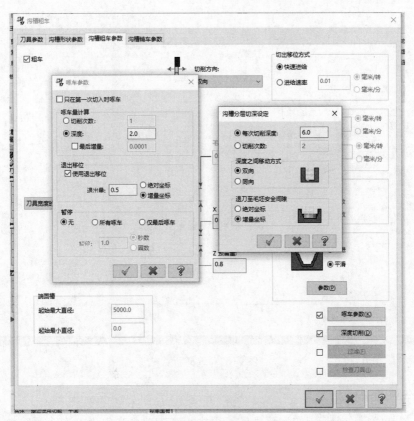

图 2-65　啄车参数和深度分层

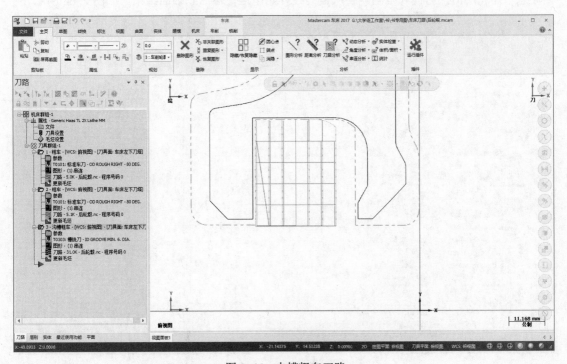

图 2-66　内槽粗车刀路

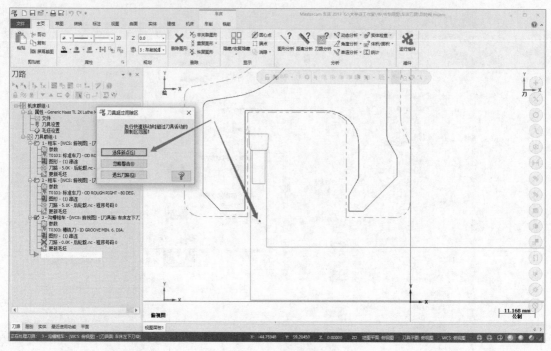

图 2-67  选择新点

### 2.3.6  粗车端面内腔

内槽粗车完成后，进行粗车端面内腔。单击粗车刀路，弹出"串连选项"对话框，这时要注意串连轮廓时的方向和范围，要从辅助线开始串连，然后到端面结束，如图 2-68 所示。

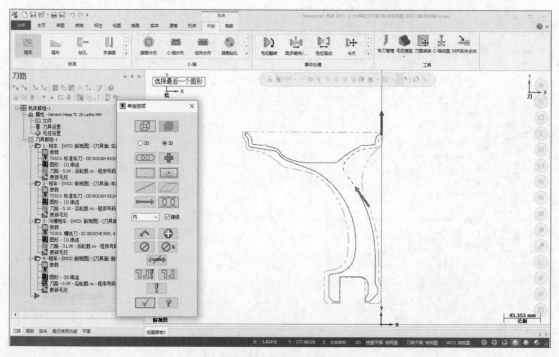

图 2-68  串连内腔轮廓

选择名称为"VBMT 16 04 08"的刀片,将刀具"架刀位置"设置为"水平",设"刀具参数"的"进给速率"为0.35、"下刀速率"为0.15、"主轴转速"的"恒线速"为150、"最大主轴转速"为300,如图2-69、图2-70所示。

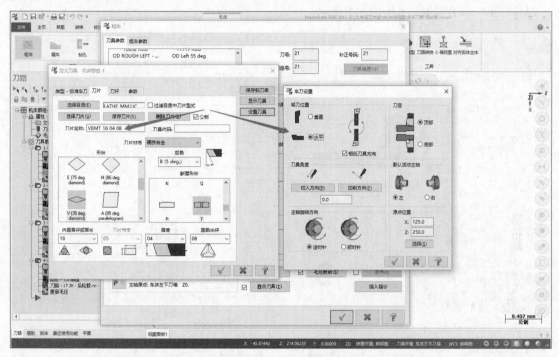

图 2-69 刀具设置

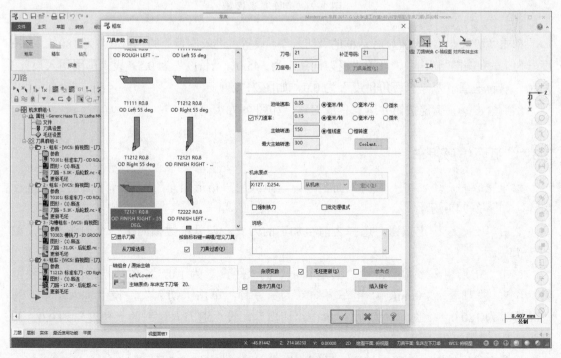

图 2-70 刀具参数设置

接着设置粗车参数，设"切削深度"为1.0、"X预留量"为1.0、"Z预留量"为1.5、"进入延伸量"为1.0，"粗车方向/角度"改为第三种，"毛坯识别"设为"剩余毛坯"，"刀具补正"参数默认，如图2-71所示。

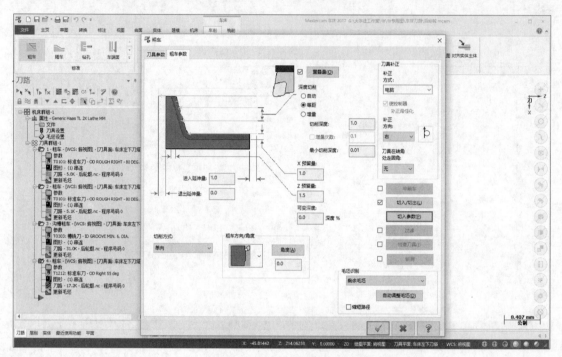

图2-71　粗车参数设置

单击"切入/切出设置"对话框的"切入"，设置"进入向量"的"角度"为180.0、"长度"为1.0；单击"切出"，设置"退刀向量"为−45.0、"长度"为0.5；设"车削切入设置"为允许双向垂直下刀，"后角角度"为0.0，如图2-72所示。

然后单击 确定按钮并运算生成刀路，如图2-73所示。

### 2.3.7　弧面仿形粗车

粗车完成后，还要将下面的弧面粗车。这里改用"仿形粗车"，选择下面的圆弧进行串连，如图2-74所示。

然后单击 确定按钮，选择之前粗加工的刀具，刀具参数依照上一个刀路即可，如图2-75所示。

单击"仿形粗车参数"，设"固定补正"的"距离"为1.0，X预留量为1.0，Z预留量为1.5，进刀量为1.0mm，"粗车方向"为第三种；单击"切入"，设"进入向量"的"角度"为180.0，"长度"为0.1；单击"切出"，设"退刀向量"的"角度"为0.0，长度为0.1，如图2-76所示。

设置完成后单击 确定按钮，运算并生成刀路，如图2-77所示。

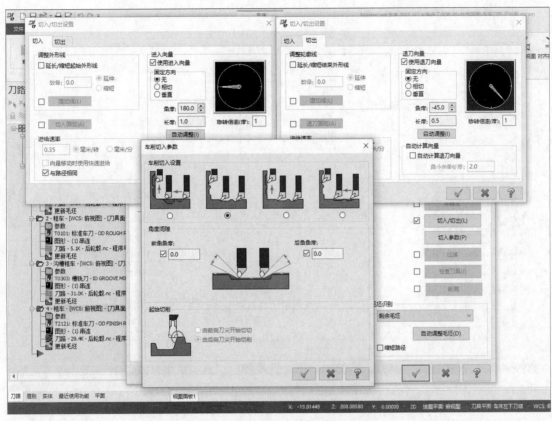

图 2-72　切入 / 切出及切入参数设置

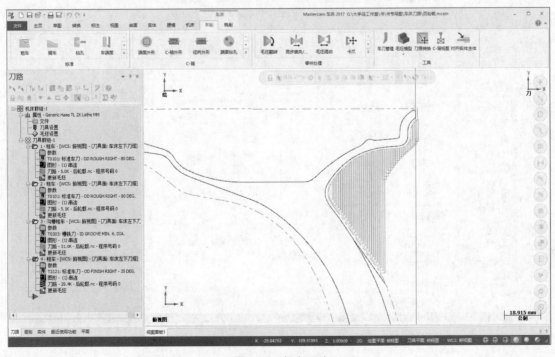

图 2-73　粗车刀路

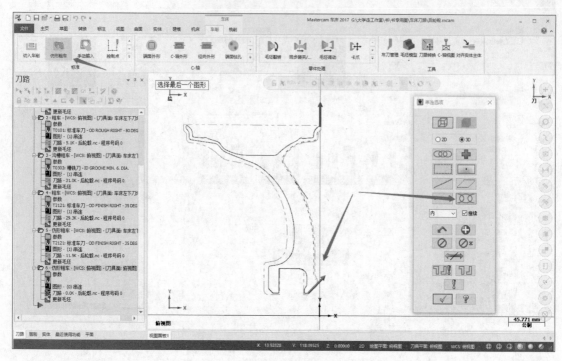

图 2-74　圆弧串连

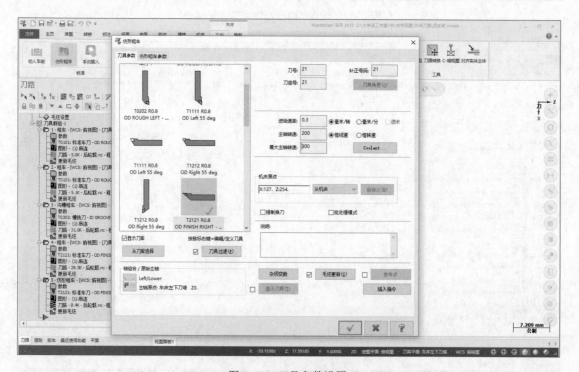

图 2-75　刀具参数设置

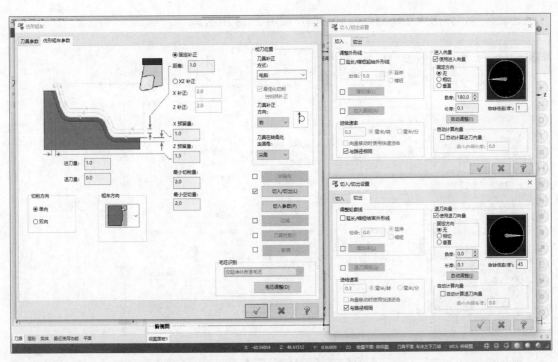

图 2-76　仿形粗车参数

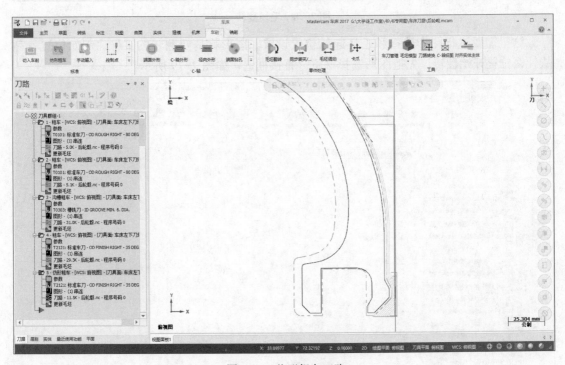

图 2-77　仿形粗车刀路

## 2.3.8　毛坯翻转

加工完正面，接着就调头来加工反面。这里用到毛坯翻转功能，单击"零件处理"的

"毛坯翻转",弹出"毛坯翻转"对话框,如图 2-78 所示。

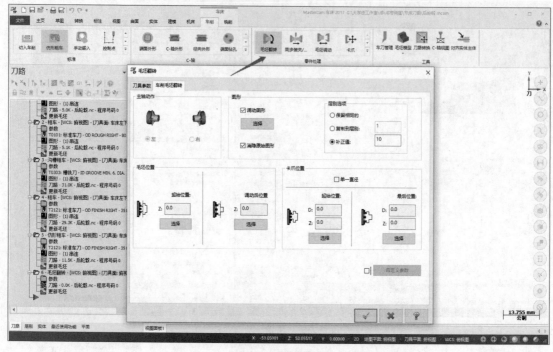

图 2-78　毛坯翻转

这里需要进行图形选择和毛坯起始位置设置。图形就是要翻转的工件,起始位置就是从什么位置开始翻转。先把图形选择一下,直接框选,如图 2-79 所示。

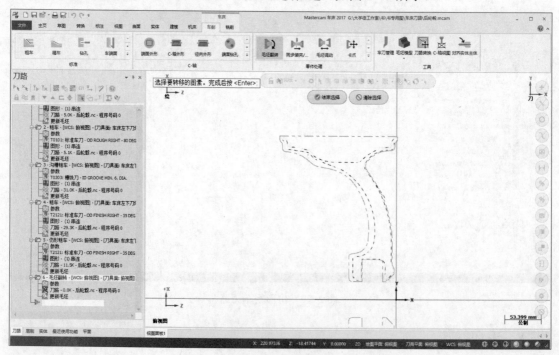

图 2-79　选择图形

然后选择 Z 轴调动的起始位置，直接捕捉工件的后端面，如图 2-80 所示。

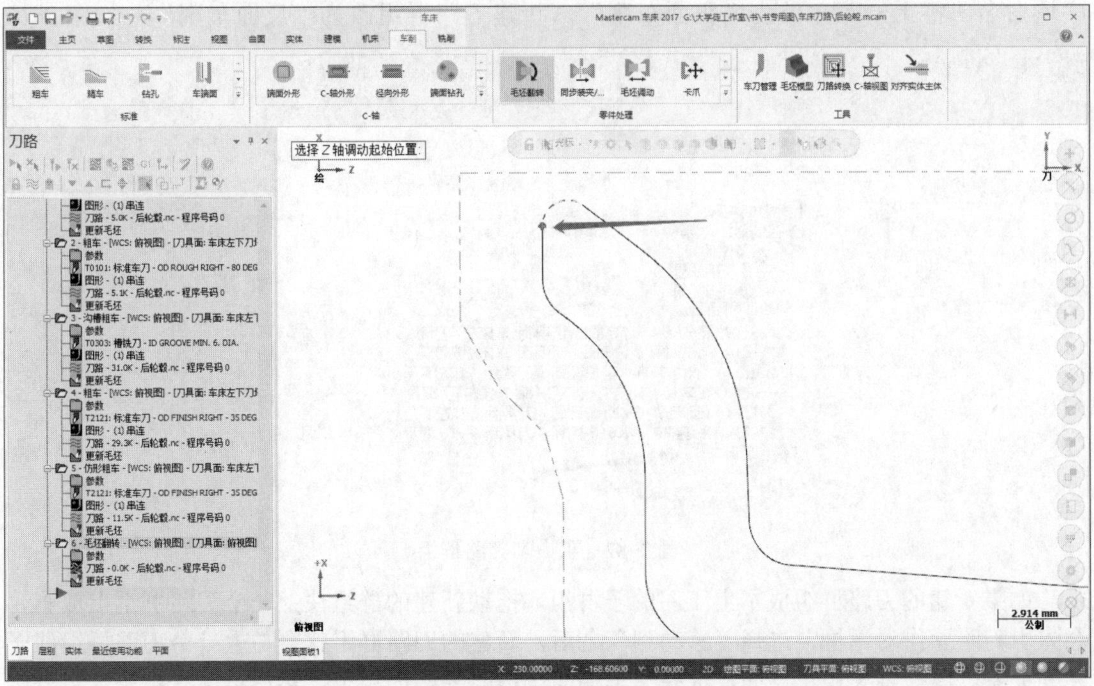

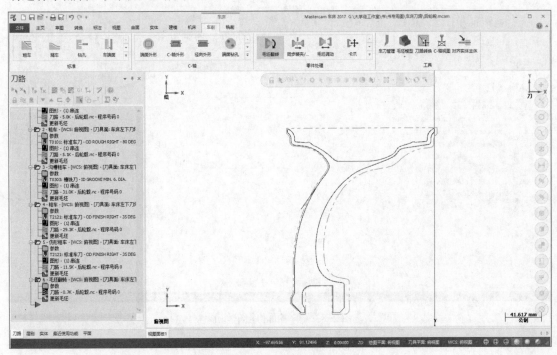

图 2-80　选择毛坯起始位置

其他的不需要设置，直接单击 ✓ 确定按钮，工件就翻转过来了，而且剩余毛坯也自动进行了翻转，如图 2-81 所示。

图 2-81　毛坯翻转

毛坯翻转完成后，就可以车削反面了。为了方便修改，新建一个刀路群组，并根据工序重命名，将上一工序改为"正面车削"，新建刀路群组改为"反面车削"，如图 2-82 所示。

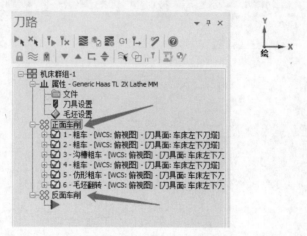

图 2-82　重命名刀路群组

如果新建的刀路群组成了上工序的子群组，拖动新建的群组往上一个刀路群组上放置，会弹出刀路操作对话框，选择"移动到"之后，新建的刀路群组就会与上一个刀路群组成了并列关系。现在继续粗车反面，选择"车端面"策略将端面粗车，然后再用"粗车"将外圆粗加工即可，如图 2-83 所示。

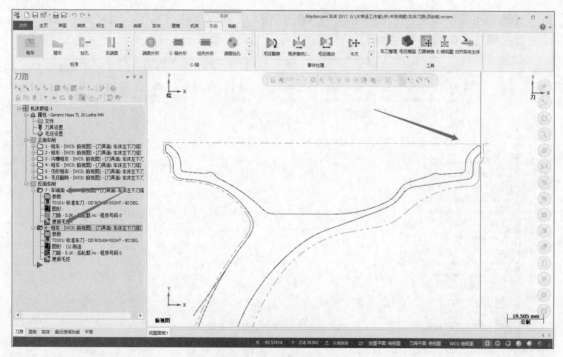

图 2-83　车端面和粗车外形

在粗车反面的内圆弧之前，先做个辅助线将刀具不能进去的地方做一个过渡，如图 2-84 所示。

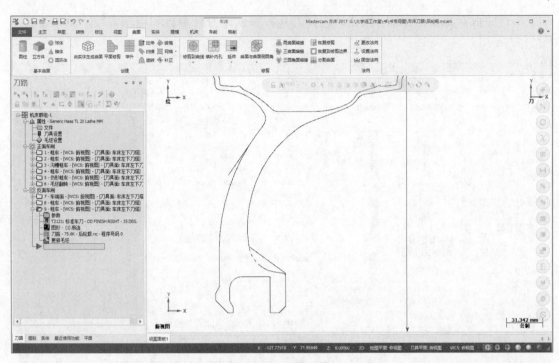

图 2-84    做辅助线

选择"粗车",弹出"串连选项"对话框,在部分串连之前先将"接续"勾选上,因为做了辅助线之后,线段有交叉相连,如果勾选"接续",会出现多个起点与终点,这样做出来的刀路就不会是理想状态,串连的时候从下往上串连,可以垂直切削,如图 2-85 所示。

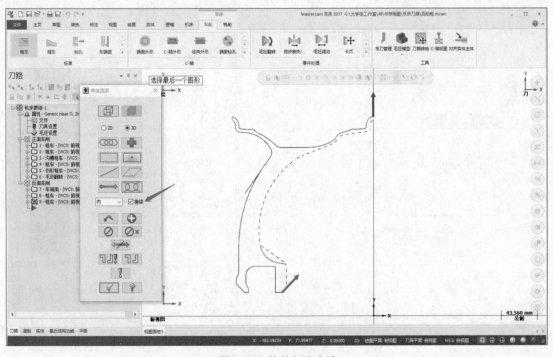

图 2-85    接续部分串连

串连完成后单击 ☑ 确定按钮，选择刀具，并设置刀具参数和粗车参数，如图 2-86、图 2-87 所示。

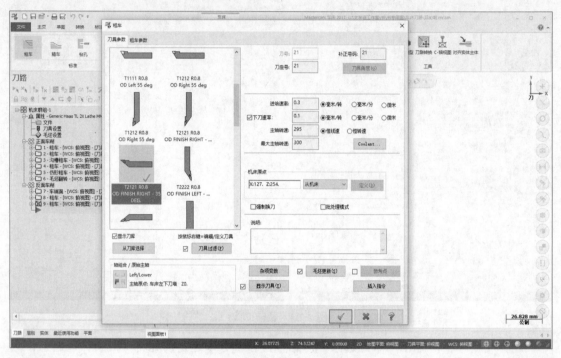

图 2-86　设置刀具参数

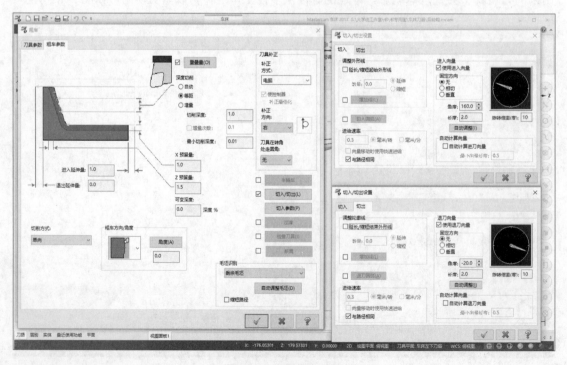

图 2-87　设置粗车参数

切入参数更改为允许双向垂直下刀，然后单击 ☑ 确定按钮并生成刀路，如图 2-88 所示。

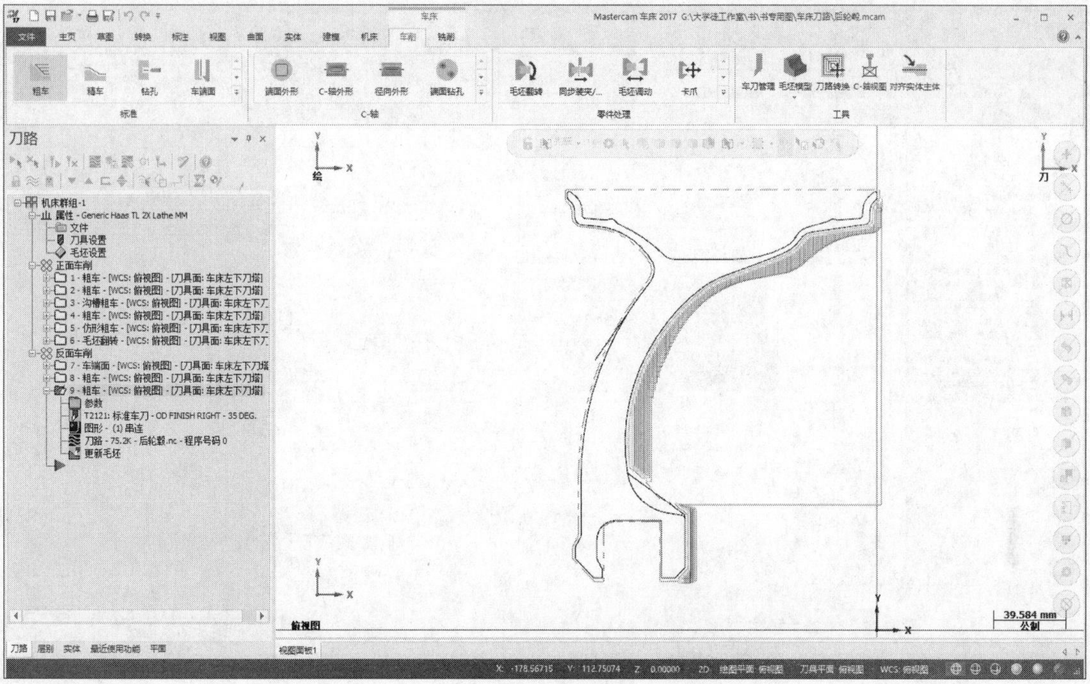

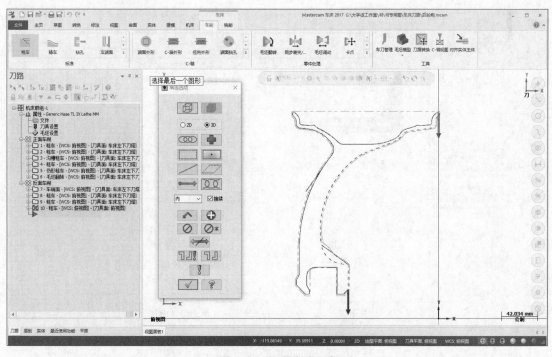

图 2-88　粗车刀路

里面还有一点残留要再做一个粗车刀路。设置刀具刀尖朝下，串连时方向从上往下，如图 2-89、图 2-90 所示。

图 2-89　设置串连方向

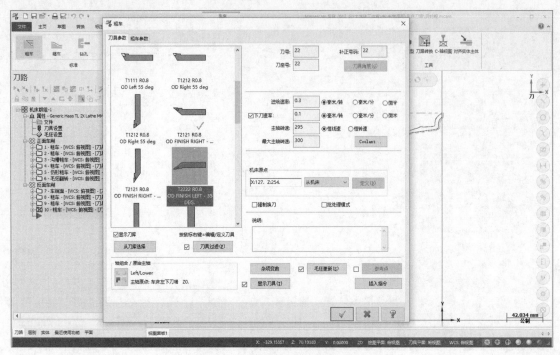

图 2-90　刀具选择和刀具参数设置

刀具选择和刀具参数设置完成后，再将"粗车参数"里的切削方向改为垂直切削模式，如图 2-91、图 2-92 所示。

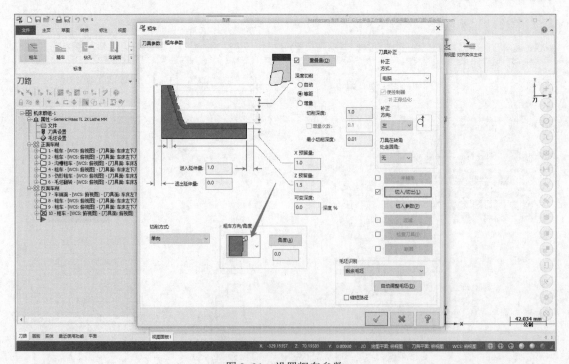

图 2-91　设置粗车参数

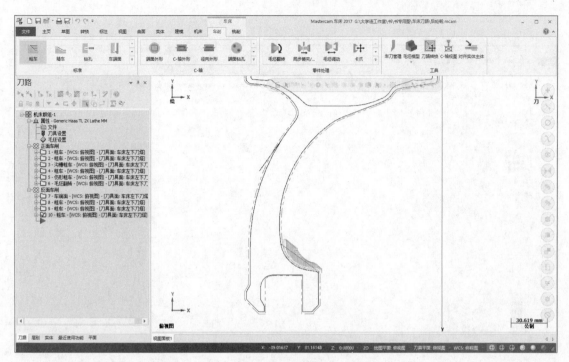

图 2-92 粗车刀路

## 2.3.9 夹具车削

正反面粗加工完成后，就可以用加工中心铣削内部形状了。在等待的过程中，可以把正反全包夹具车出来，先把外部的盖板车好，盖板的形状根据轮廓的内腔形状来提取，然后通过串连偏移向内部偏移 0.1mm。另外，圆弧需要修改一下，留出足够的配合间隙和避空距离，这样盖板才能完全放进轮廓内腔面。

现在先做反面的盖板，因为正面的盖板需要拆掉卡盘，通过螺钉锁在法兰上，然后再进行车削，所以要留在最后制作，这样可以保证工件的同心度和圆跳动。把反面盖板需要的轮廓线复制到新的图层，只需要三分之二的面能盖住就可以，所以提取的轮廓线可以适当修剪下，如图 2-93 所示。

为了减轻机床的负载，这个盖板轮廓需要修剪至合适的位置，螺钉沉孔和通孔的位置一定要留出来，务必参照轮毂实体来进行修剪，更改圆弧及修剪后如图 2-94 所示。

盖板的最大外径要小于轮廓的最大外径，这样刀具才有足够的位置来加工两端的圆弧。

然后在刀路里打开一个新的机床群组，并重命名为"夹具"，接着根据盖板轮廓来设置一个毛坯，选择毛坯时用两点之间，设置好的毛坯如图 2-95 所示。

毛坯设置完成之后，创建一个粗车刀路，并且将半精车刀路打开，用一把刀直接完成粗精车，刀具参数与粗车参数设置可以参照前面轮毂参数，其中粗车参数设置如图 2-96 所示。

设置完成后单击 ✓ 确定按钮并生成刀路，如图 2-97 所示，就完成了盖板的加工，然后螺钉通孔与沉孔可以在加工中心或者摇臂钻床上完成。

等加工中心加工完内腔面，并且精车完内腔面后，就可以加工装夹面夹具了。这里先把程序轮廓及刀路完成。按盖板的操作方法，将装夹面轮廓提取，并修改出来，如图 2-98 所示。

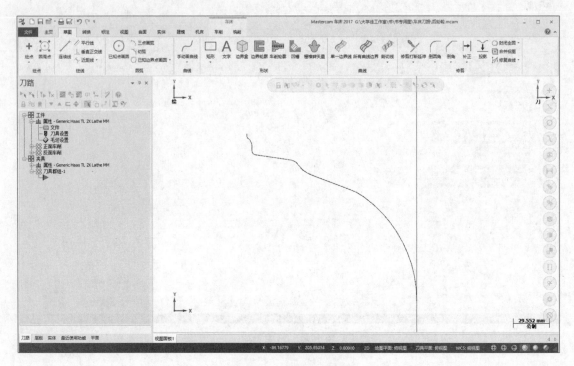

图 2-93　反面盖板轮廓

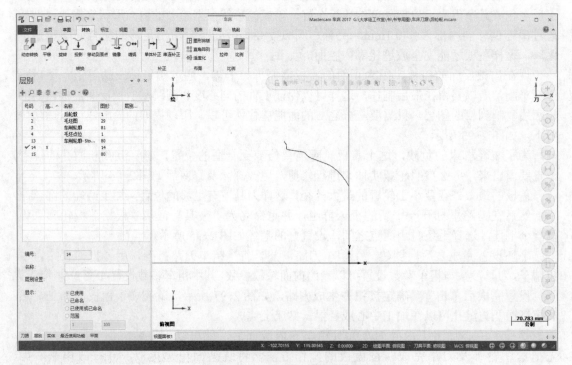

图 2-94　修改圆弧及修剪后轮廓图

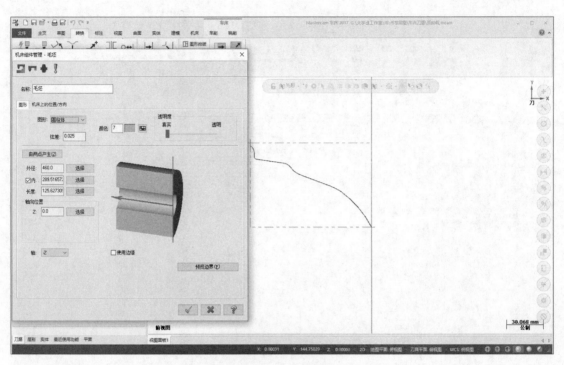

图 2-95　毛坯设置

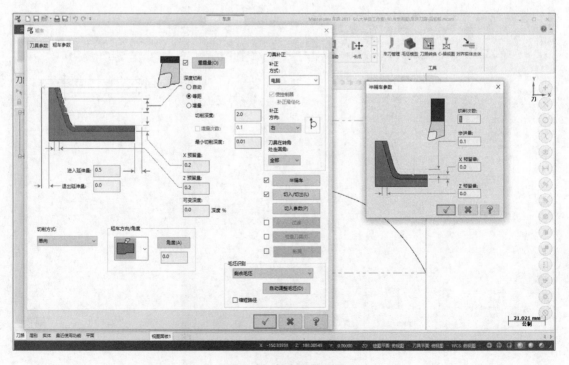

图 2-96　粗车参数设置

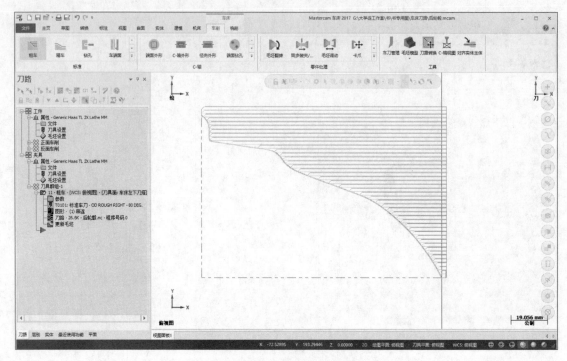

图 2-97　盖板粗精车刀路

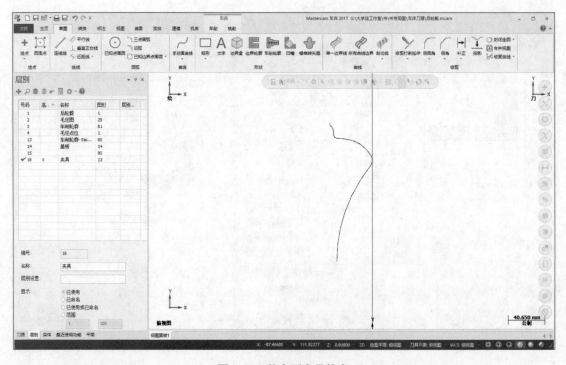

图 2-98　装夹面夹具轮廓

　　轮廓提取修改完成后，就用外圆刀和内孔刀分别加工外圆和内弧面，刀路还是用前面的粗车加半精车的方式，加工完之后还要试配一下，以确保两个弧面能相吻合，最好用红丹涂下，看下吻合的面积是否达到 3/4 以上。夹具加工刀路如图 2-99 所示。

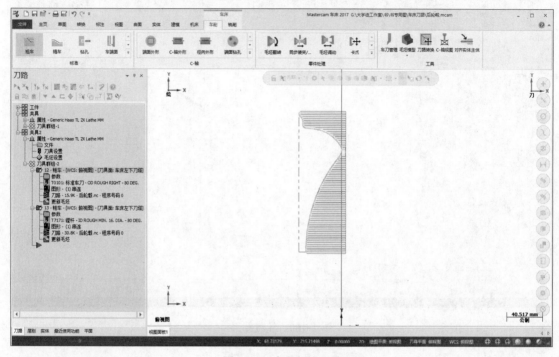

图 2-99　夹具加工刀路

## 2.3.10　轮毂外形粗车

　　完成了盖板与夹具的刀路，正好加工中心的工序已经完成，再回到之前的轮毂刀路群组，两个内腔的精车刀路就省略掉，读者可以自行设置。这里直接加工外轮毂的外形。新建一个外形车削刀路群组，然后将夹具图隐藏，显示出之前翻转过后的轮毂图形。为了让反刀加工的范围更加精确，在外形上做一个大于 35°刀具后角的辅助线，辅助线的长度最好超出轮毂外形最大尺寸，如图 2-100 所示。

　　先设定一把反刀来加工轮毂外形的右边部分，再用正刀加工剩下的部分，最后精加工两边的圆弧。有些读者肯定会有疑问，为什么不用正刀先加工？因为正刀是先加工里面，使多余的残留就在外侧，工件太大，余量过多会有一定的重力影响，如果有顶尖顶住就可以任意选择位置加工。

　　这里先串连要加工的轮廓，方向从左往右串连，如图 2-101 所示。

　　单击 ☑ 确定按钮后弹出刀具参数选择对话框，选择一把 35°左手刀杆，刀尖 $R$ 角选择 0.8，刀具参数设置参照上一个刀路，如图 2-102 所示。

　　然后再设置粗车参数，设等距切削深度为 1.5，X、Z 预留量均为 0.2，"进入延伸量"为 1.0，"刀具补正"的"补正方式"为"电脑"，"补正方向"为"左"；切入 / 切出里切入角度为 –65.0、切出为 135.0，"长度"均为 2.0；"毛坯识别"采用"剩余毛坯"，如图 2-103 所示。

　　完成后单击 ☑ 确定按钮并生成刀路，如图 2-104 所示。

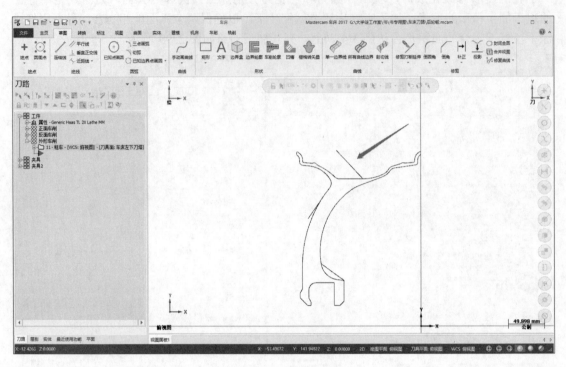

图 2-100 轮毂图形

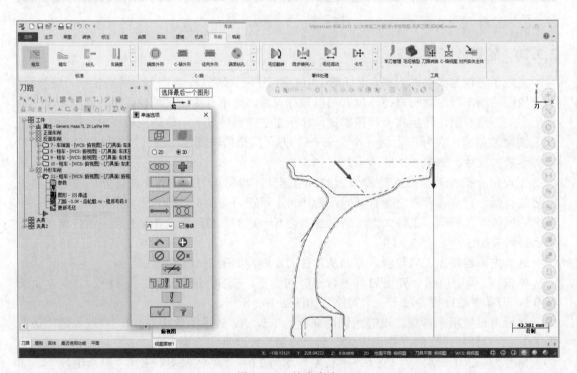

图 2-101 轮廓串连

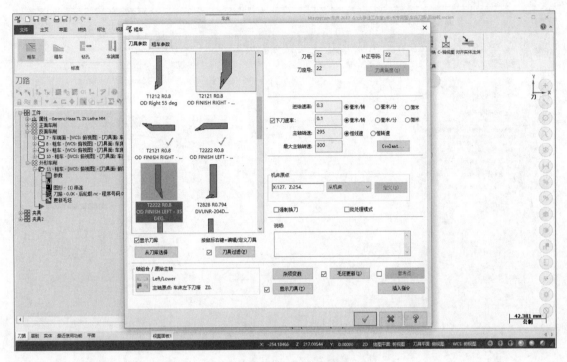

图 2-102　刀具参数设置

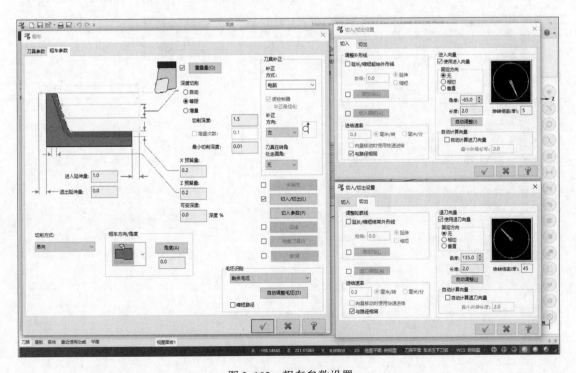

图 2-103　粗车参数设置

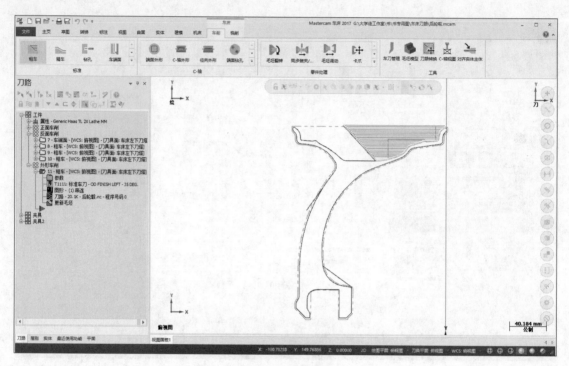

图 2-104　粗车刀路

接着再用粗车刀路来粗车剩下的部分，这时串连可以串连整个外形，如图 2-105 所示。

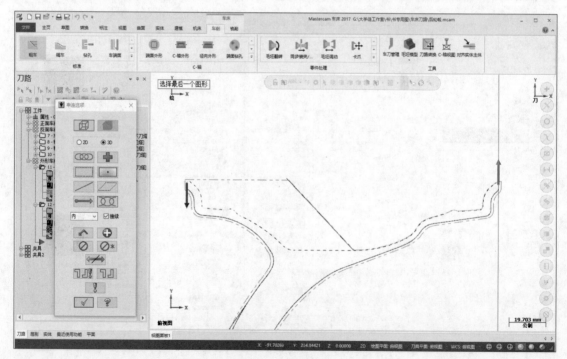

图 2-105　轮廓串连

　　然后选择一把 35°、*R*0.8mm 的右手刀具，并将刀号更改，防止相同刀号产生进 / 退刀错误，刀具参数设置依然参照上一个刀路，如图 2-106 所示。

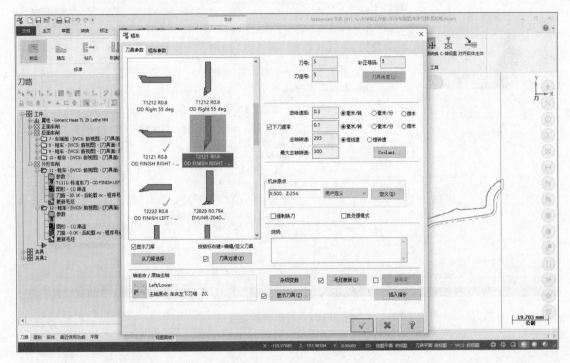

图 2-106　刀具选择

　　刀具设置完成后再设置粗车参数，切削深度，X、Z 预留量，进入延伸量、毛坯识别基本与上一个刀路相同，设"刀具补正"的"补正方式"为"电脑"；"补正方向"为"右"；设切入 / 切出"进入向量"的"角度"为 –135.0、"长度"为 2.0，"退刀向量"的"角度"为 45.0、"长度"为 2.0。如果想偷懒，可以采用自动计算进退刀向量，这里还是采用手动输入，如图 2-107 所示。

　　最后单击 ✓ 确定按钮并生成刀路，如图 2-108 所示。

## 2.3.11　轮毂外形精车

　　粗车刀路完成后，把精车刀路也做出来。精车时先选择里面的轮廓，做好之后，再选择外面的外弧，反刀选里面的圆弧，正刀选端面的圆弧，这样可以合理利用两把刀同时加工不同的地方，刀路分开做，后处理会根据相同的刀号自动连接刀路。

　　单击"精车"，弹出"串连管理"对话框，部分串连加工轮廓，这里采用反刀正走的形式，所以串连是从右往左串连，串连两处轮廓，这样可以省去一个重复选择，如图 2-109所示。

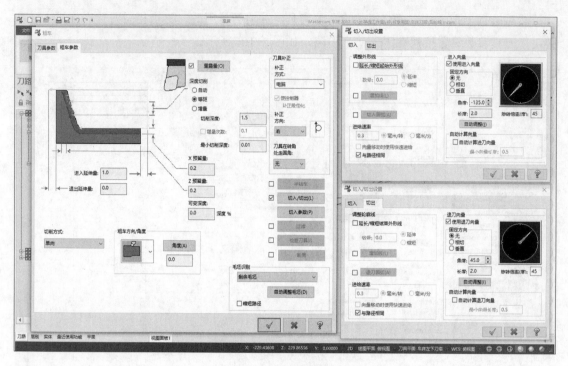

图 2-107　粗车参数设置

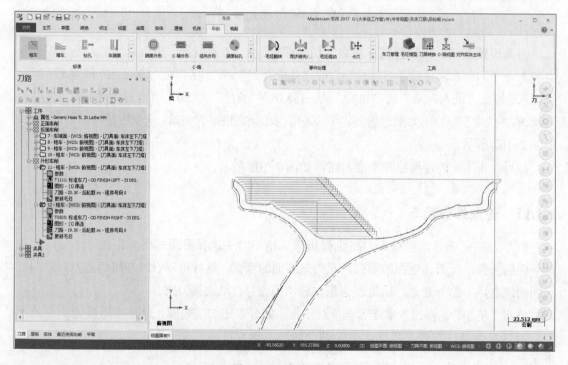

图 2-108　粗车刀路

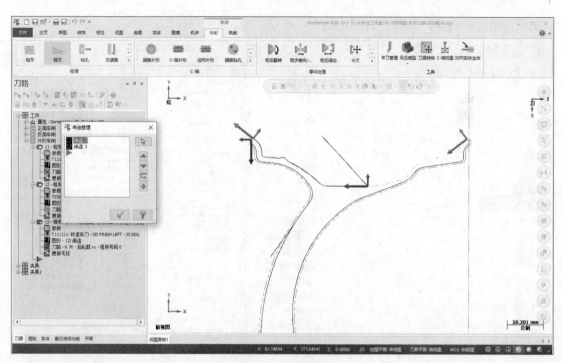

图 2-109　串连两处轮廓

然后再新建一把 35°、$R0.4mm$ 刀尖的左手刀具，并设置刀具参数，设"进给速率"为 0.3、"主轴转速"为 295 恒转速、"最大主轴转速"为 350，如图 2-110 所示。

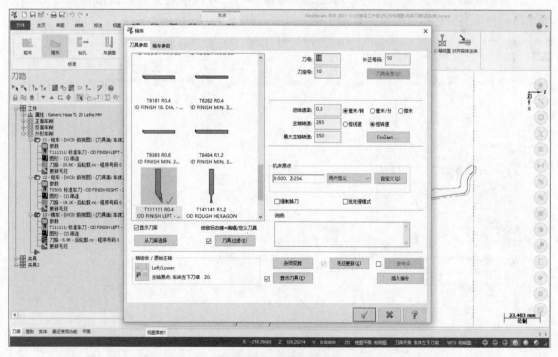

图 2-110　刀具参数设置

接着再设置精车参数，设"补正方式"为"电脑"，"补正方向"为"自动"；切入 /

切出全部用自动向量，如图 2-111 所示。

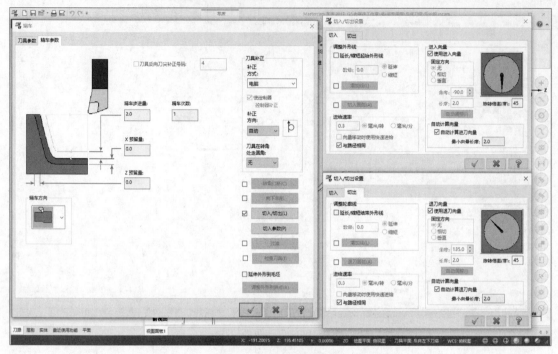

图 2-111　精车参数设置

　　外侧的轮廓精车完成后，再做内侧的轮廓精车，这时候串连外面的圆弧和未加工的区域轮廓，并适当给一点重叠量，以减小接刀痕迹，如图 2-112 所示。

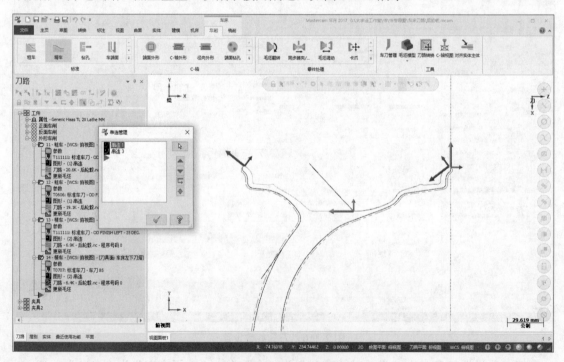

图 2-112　精车内侧轮廓

　　串连完成后单击 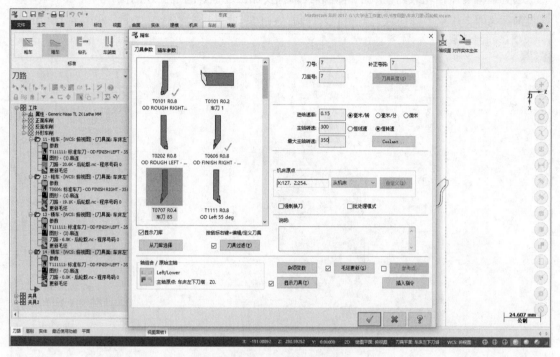 确定按钮，弹出刀具对话框，选择一把 35°、*R*0.4mm 的右手刀具，并更改"刀号"为 7，设"进给速率"为 0.15、"主轴转速"为 300 恒转速，如图 2-113 所示。

图 2-113　刀具参数设置

　　刀具参数设置完成后，再设置精车参数，和上一个精车刀路设置一样，如图 2-114 所示。

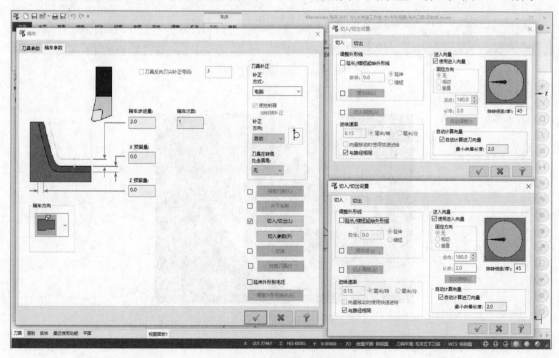

图 2-114　精车参数设置

## 2.3.12 实体验证

因为篇幅有限，轮毂内槽就不再讲解其编程及加工过程。通过上述的操作，完成了整个轮毂的编程及加工，最后进行整个工序的实体仿真，在验证里将轮毂展示一半，如图 2-115 所示。

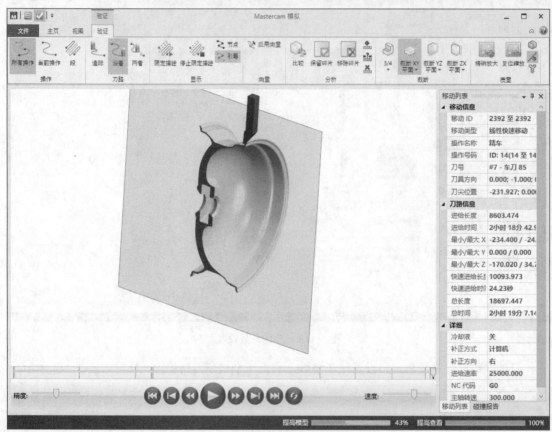

图 2-115　轮毂实体仿真

最后的实际加工成品如图 2-116 所示。

图 2-116　轮毂成品

本章车床的案例从编程来说是比较简单，难点在对工艺的掌握，软件只是一个辅助工具，要多上机验证，实战方为王道。希望本章能对读者有一定的帮助。

目前市面上有很多三轴车铣复合机床兼顾了刚性和多功能，车铣复合机床的购买一般要根据所加工的产品来决定，有些产品可能只需要简单地铣个外形，钻几个孔就足够了，而且数量比较大，足以让机床快速回本，这类简易型车铣复合机床以车为主、铣钻为辅，其市场占有率比较高。本章对常见的三轴车铣复合机床的编程实例做一个简单的过程分解讲解。

## 3.1 诱导轮

诱导轮（图 3-1）在食品机械自动化设备上用得比较多，其主要由一个圆 扫一扫看视频柱上缠绕着一个或者多个叶片组合成螺旋槽，尺寸大一点的先车后铣，尺寸小一点的余量不大的可以直接车铣复合一次完成。

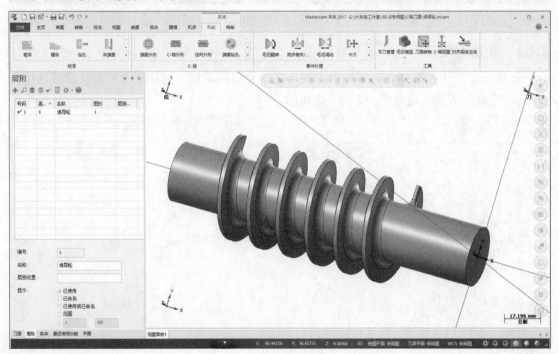

图 3-1 诱导轮

### 3.1.1 尺寸标注

为了方便编程，先用车削轮廓将诱导轮的轮廓线提取出来，截面方式选择旋转，然后对图形做一个简单的标注，如图 3-2 所示。

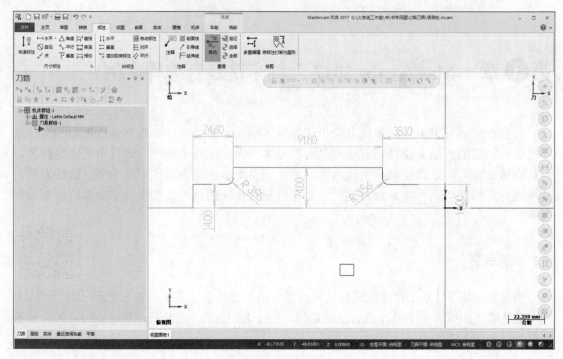

图 3-2　车削轮廓

## 3.1.2　设置毛坯

将这个图形作为铣削的毛坯轮廓，在毛坯设置里用旋转，将图 3-2 中的轮廓线选中，并单击 ☑ 确定按钮生成毛坯，如图 3-3 所示。

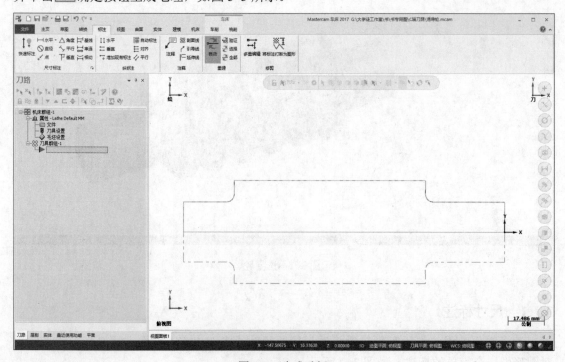

图 3-3　生成毛坯

### 3.1.3　提取边界线

毛坯设置完成后，将毛坯在毛坯设置里改为不显示，然后把前面的诱导轮实体显示，提取加工用的边界线，提取边界时，直接选择所有曲线边界，这样可以快速得到加工轮廓，提取之后再把不需要的边界线删除，并把需要用到的轮廓移动到单独的图层，如图 3-4 所示。

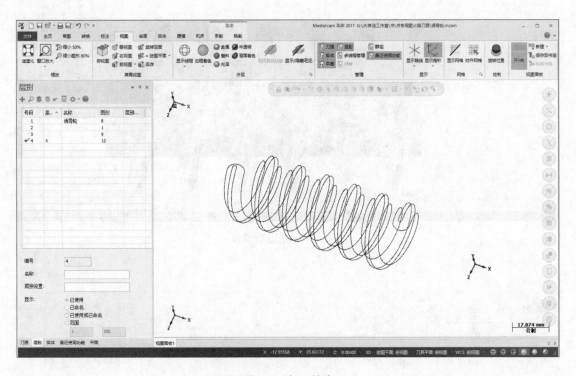

图 3-4　加工轮廓

提取完加工轮廓后，还要对槽底部圆弧进行测量，这里用动态分析，测出底部圆弧半径为 3.5mm，如图 3-5 所示。

然后再测量出槽的宽度为 5.916mm，这样可以根据槽的宽度来选择相对应直径的刀具，如果用两点距离测量出的槽宽度不对，可以先用车削里的断面来得到剖视图，然后再测量，这样数据会更准确一些，如图 3-6 所示。

### 3.1.4　展开轮廓线

通过测量得到槽宽为 5.916mm，再加上圆弧 $R$ 角 3.5mm，选择自定义一把直径为 12mm、圆弧 $R$ 为 3.5mm 的圆鼻刀来粗加工，然后用 $R$3.5mm 的球刀来精铣侧壁。为了方便粗加工，先将轮廓线平移到中间，也就是 5.916mm 的一半，然后对图形进行展开，展开之后两端延伸 2mm，这样可以用斜插来粗加工，提高加工效率，如图 3-7 所示。

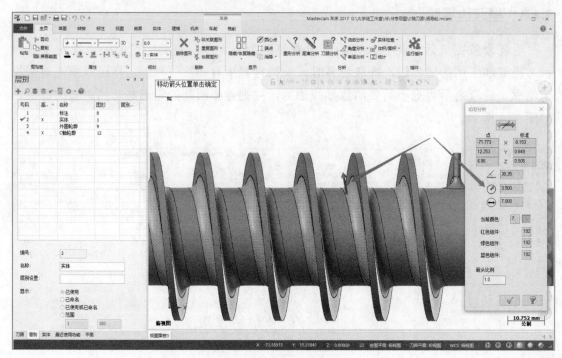

图 3-5　动态分析圆弧

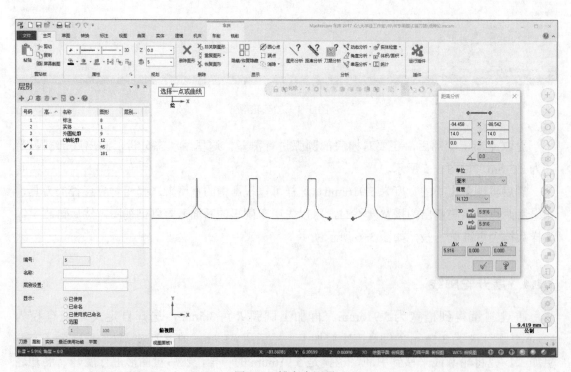

图 3-6　槽宽度测量

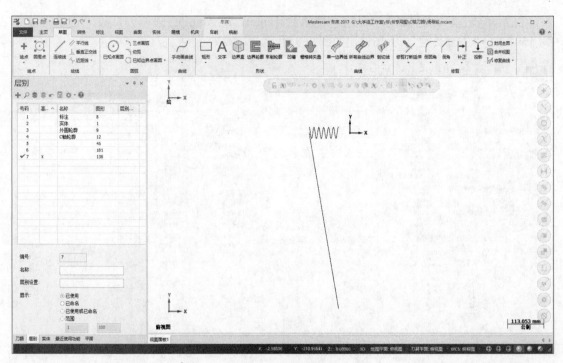

图 3-7　展开轮廓线

### 3.1.5　创建 C 轴外形刀路

展开之后，就用这根线作为加工的轮廓，选择"C 轴外形"，弹出"串连选项"对话框，使用串连的方式串连展开的线，如图 3-8 所示。

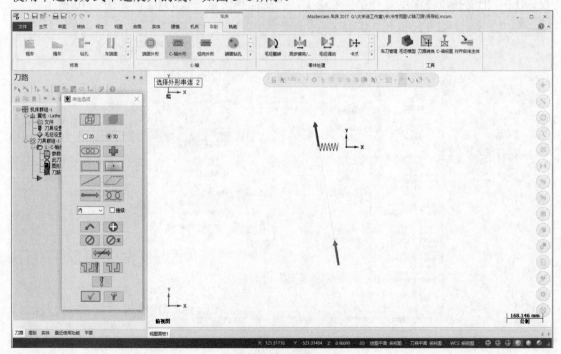

图 3-8　串连轮廓

　　然后单击 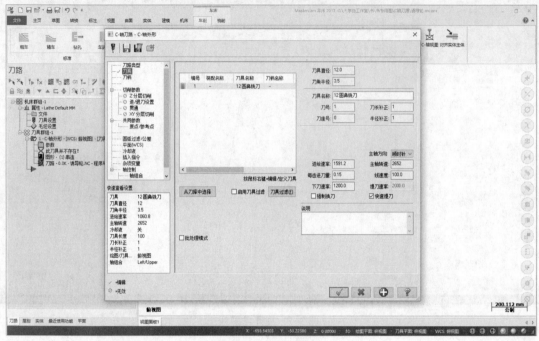 确定按钮，创建一把直径 12mm、*R*3.5mm 的圆鼻刀，设"进给速率"为 1591.2、"主轴转速"为 2652，如图 3-9 所示。

图 3-9　刀具参数设置

　　接着设置切削参数，因为图形已经偏置到槽中间位置，在这里刀补就不需要了，直接选择"关"，在"外形铣削方式"里选择"斜插"，"斜插方式"用"深度"，"斜插深度"设为 1.0，把"在最终深度处补平"勾选上，"底面预留量"设为 0.2，如图 3-10 所示。

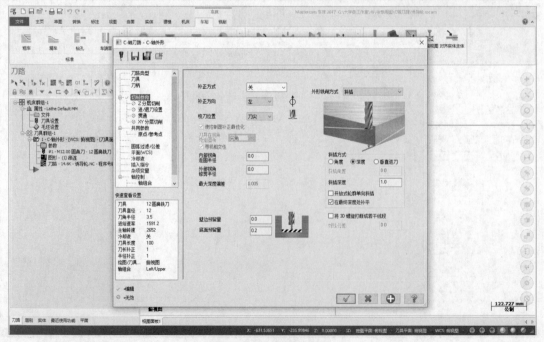

图 3-10　切削参数设置

斜插不需要 Z 分层切削，单击后也是不可选取状态。由于选择的线经过了延伸处理，可以不用设置进 / 退刀。共同参数里需要设置工件"表面"，这个工件表面如果用增量坐标，那就是工件的外径减去槽底直径，然后除以 2，就得出增量坐标数值；如果用绝对坐标，那就直接输入最大外径的一半即可，这里用增量值，填入 10.0，如图 3-11 所示。

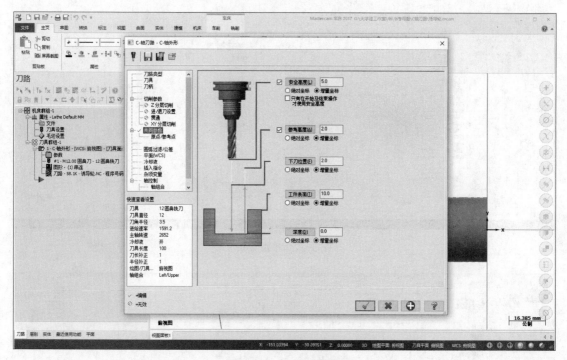

图 3-11　共同参数设置

圆弧过滤公差里需要勾选"平滑设置"，设置等距离的线段长，这样刀路的点才会比较均匀。设置时先把公差调整到 50% 的位置，然后勾选"平滑设置"，设置"线段长度"为 1.0，如果线段长度比较短，长度可以设置得更小点，如图 3-12 所示。

后面再设置下替换轴的直径，C 轴刀路本身就是替换轴，所以需要输入所选线段缠绕的直径，由于所选线已经展开了，在这里就不需要将"展开"勾选，如图 3-13 所示。

完成设置后单击 ☑ 确定按钮生成刀路，并进行实体验证，看下实际加工的效果，如图 3-14 所示。

通过实体验证发现，左边还有一部分没有铣到位，这是因为抽取的线条长度不够，需要把线条结束点进行适当延伸，这样加工时才可以铣削到位，在这里用延伸命令将线条延长 90mm，如图 3-15 所示。

然后再次运算生成刀路并实体验证，如图 3-16 所示。

延伸线条后槽就可以完全加工到外侧，这样就去除了残留，接下来就可以精铣螺旋槽的壁边，通过图层把壁边的轮廓线显示出来，这里需要底部的线来作为精修轮廓线，如图 3-17 所示。

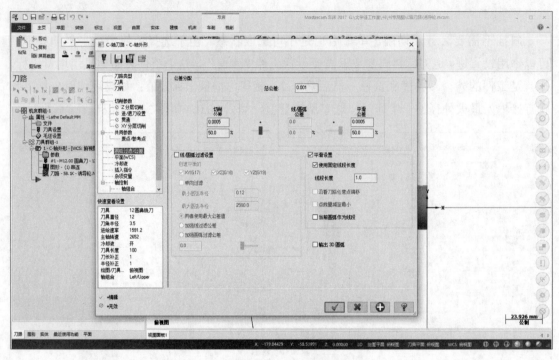

图 3-12　平滑设置

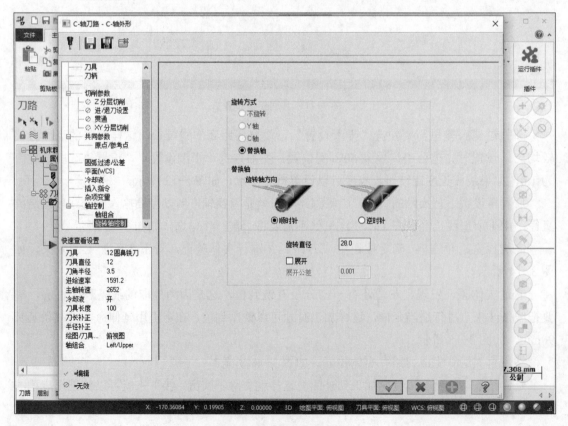

图 3-13　旋转轴控制设置

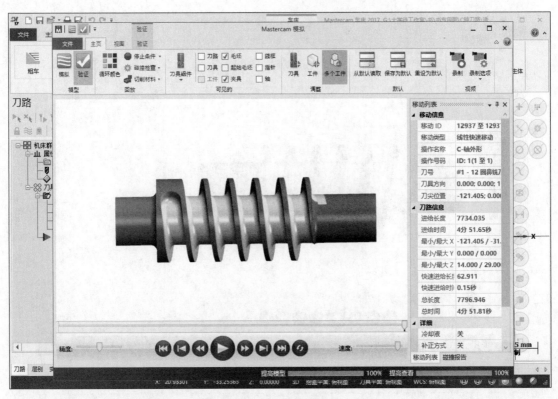

图 3-14　实体验证

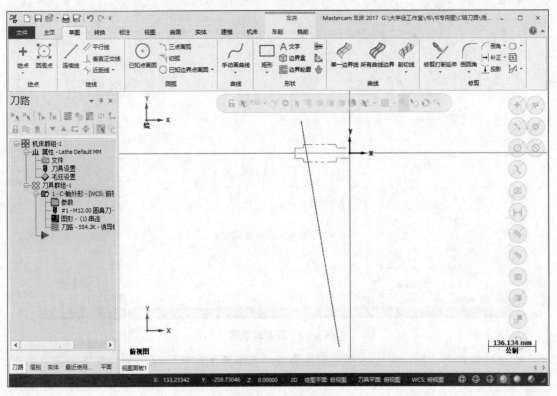

图 3-15　延伸线条

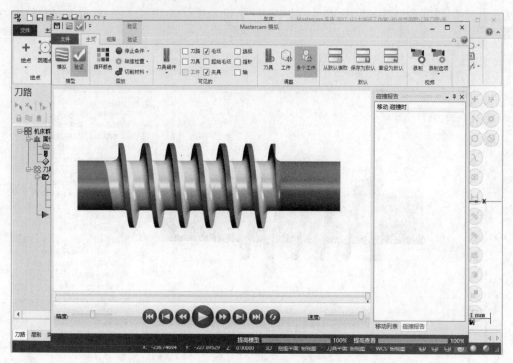

图 3-16　再次实体验证

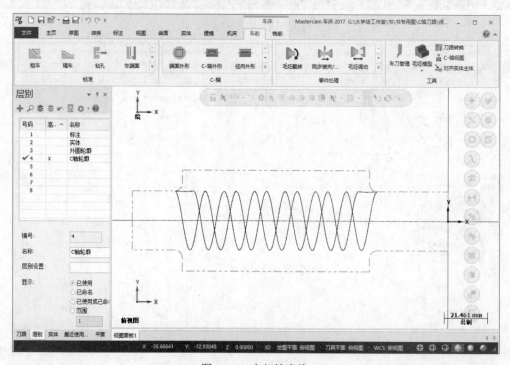

图 3-17　底部轮廓线

　　新建 C 轴外形刀路，串连选择底部轮廓线，在串连的时候如果遇到线条不相连，那是因为曲面与曲面之间的间隙太大，导致提取的边界线都是断开的状态，这个时候可以用底部曲面来抽取边界线，先用"由实体生成曲面"将底部曲面生成出来，如图 3-18 所示。

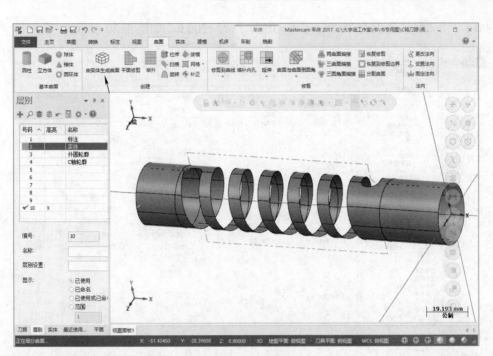

图 3-18　底部曲面

生成底部曲面之后，通过所有曲线边界提取出底部边界，并修剪掉多余的线条，然后按住 <Shift> 键，选择底部轮廓线，看有没有全部选择上，如果没有，说明中间还有分支点或者断开点，要重新修剪，能够一次选择上就可以做 C 轴外形刀路了，串连刚才提取出来的轮廓线，如图 3-19 所示。

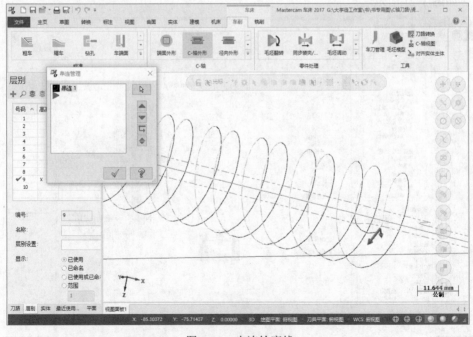

图 3-19　串连轮廓线

然后单击 确定按钮，创建一把直径 10mm、$R3.5$mm 的圆鼻铣刀，设"进给速率"

为 1000.0、"主轴转速"为 2500、"下刀速率"为 1200.0，如图 3-20 所示。

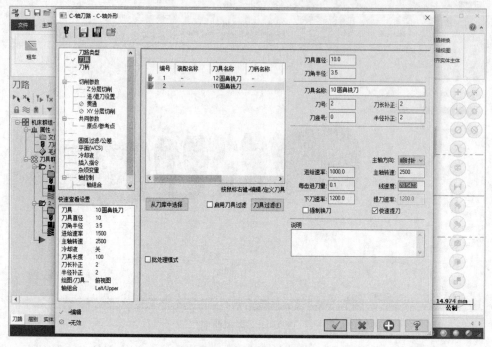

图 3-20 ϕ10mm 圆鼻铣刀

切削参数里设"补正方式"为"电脑"，如果有公差要求可以选择磨损，设"外形铣削方式"为"3D"、"壁边预留量"为 –3.5，因为圆鼻铣刀的 R 角是 3.5mm 的，这样就可以铣到壁边，如图 3-21 所示。

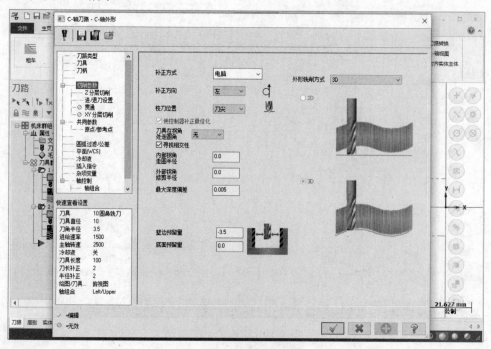

图 3-21 切削参数设置

　　Z 分层切削的"深度分层切削"勾选上，设"最大粗切步进量"为 0.5，"精修次数"及其他参数设置按默认，如图 3-22 所示。

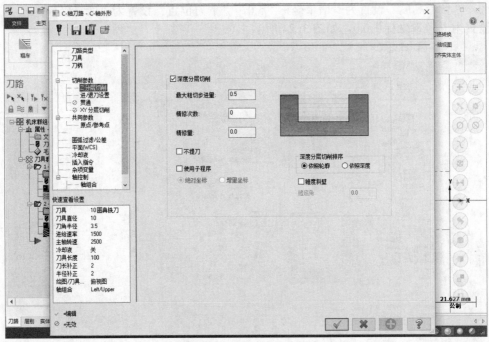

图 3-22　Z 分层切削设置

　　"进 / 退刀设置"也开启，方式为"相切"，"长度"为 60.0，"圆弧"的"半径"为 12.5，然后通过复制键将退刀设置和进刀设置的参数设置成一样，右上角的"重叠量"设为 2.0，如图 3-23 所示。

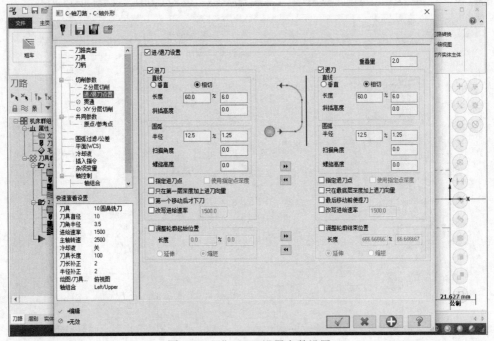

图 3-23　进 / 退刀设置参数设置

共同参数里将"工件表面"设置为"增量坐标"10.0，因为前面已经说过底部直径是28mm，顶部直径是48mm，那工件表面就是20mm的一半。"安全高度"设置"增量坐标"为10.0，"参考高度"设置为"增量坐标"5.0，"下刀位置"设置为"增量坐标"0.5，"深度"设置为"增量坐标"0.0，如图3-24所示。

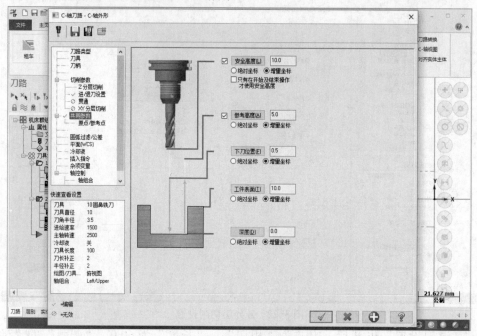

图 3-24　共同参数设置

然后旋转轴控制设置"替换轴方向"为"顺时针"，"旋转直径"使用选择加工轮廓所在的直径，设为28.0，勾选"展开"，"展开公差"设为0.001，如图3-25所示。

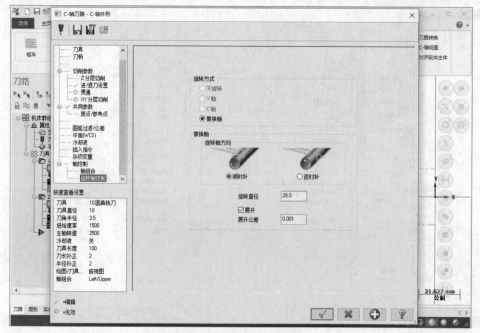

图 3-25　旋转轴控制设置

圆弧过滤/公差里的平滑设置因为在前一个策略中使用过，下一个相同策略默认会开启，所以不需要再重复设置。上述设置完成后单击 □ 确定按钮生成刀路，并进行实体验证。在实体验证时最好将粗加工策略一起选中，并单击"循环颜色"，如图 3-26 所示。

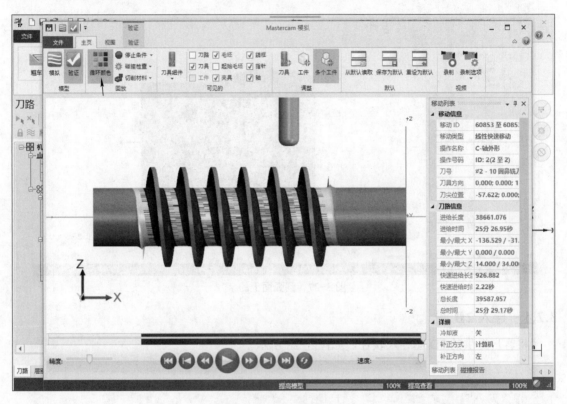

图 3-26　实体验证

通过实体验证后，发现螺旋槽两个圆弧边的形状并不和原始图形一样，这是 C 轴刀路固有的特点，刀轴只能指向圆心点，前倾角与侧倾角都无法调整，所以才会造成圆弧角有一定残留。因为这个产品要求并不高，所以圆弧角不需要完全一致。另外，圆弧处还有两个未切削到的区域，需要另外做辅助线来进行加工，在此不再详述。

## 3.2　圆弧面刻字

在圆柱上刻字是比较常见的，一般刻 LOGO 或者序号之类的，还有一些特殊的要求，如在规则圆弧面上刻字，如图 3-27 所示。

扫一扫看视频

原始图并没有图 3-27 所示圆弧面上的字，客户只提供了一个 CAD 图形，上面标示了字体的大小与宽度和位置，需要自己进行绘图。为了能够在圆弧面上进行字体加工，要先将字体投影到圆弧面上，然后再缠绕到圆柱体上，最后通过 C 轴外形来加工就完成了圆弧面的字体加工。

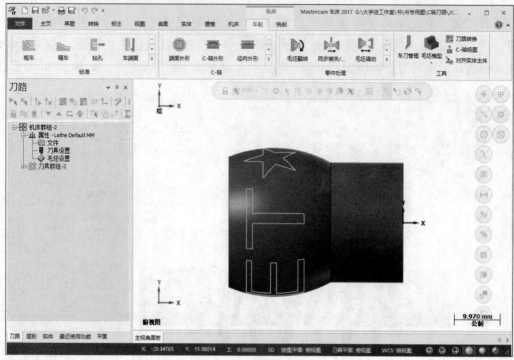

图 3-27    圆弧面上的字

### 3.2.1    导入 2D 图

将客户提供的 2D 图导入软件，如图 3-28 所示。

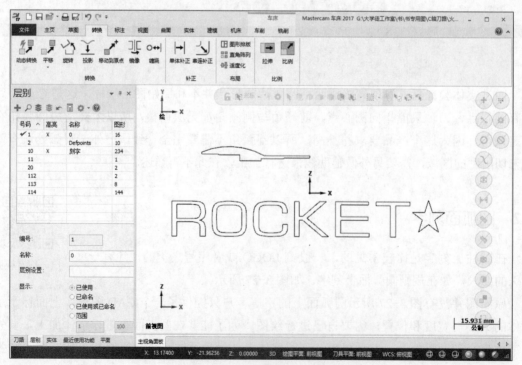

图 3-28    导入原始 CAD 图档

通过对原始图档的观察，首先做一个与图档轮廓一致的圆弧面，把 2D 轮廓复制并移动到与中心线相切的位置，如图 3-29 所示。

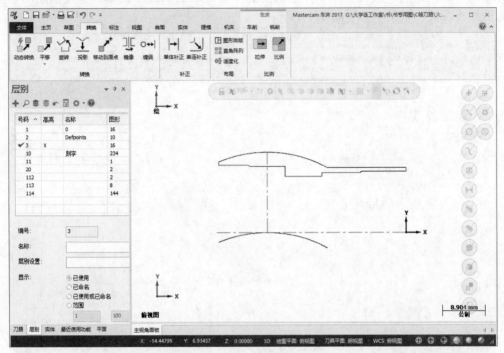

图 3-29　复制轮廓线

然后将轮廓线通过 3D 平移到前视图，这样才可以将字体在俯视图里投影到曲面上，如图 3-30 所示。

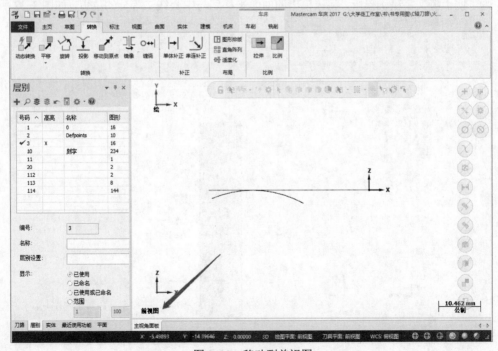

图 3-30　移动到前视图

### 3.2.2 拔模

单击"曲面"的"拔模"命令，选择前面平移过来的曲线，拔模的长度按照原始图档轮廓的周长设置，如图 3-31 所示。

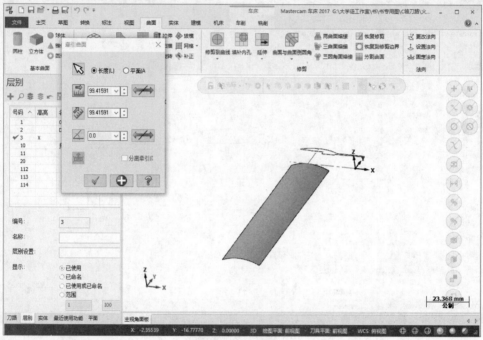

图 3-31 拔模

### 3.2.3 平移曲面

为了便于将文字精确投影，将拔模出的曲面平移到与中心线二等分的位置，如图 3-32 所示。

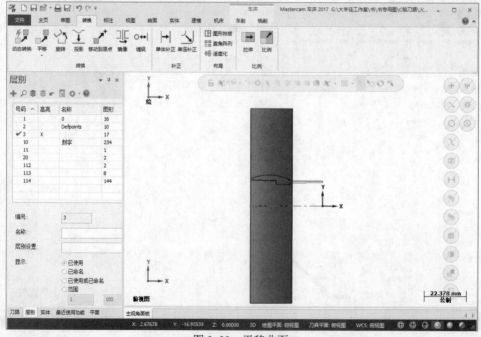

图 3-32 平移曲面

　　曲面平移完成后，再把字体旋转到与曲面方向一致，然后平移到曲面的正中间，这样投影时保证字体不会投影到曲面范围外，如图 3-33 所示。

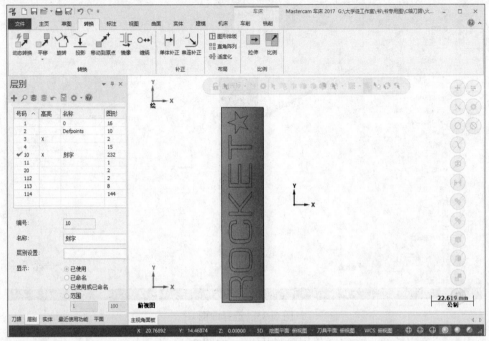

图 3-33　移动字体

### 3.2.4　投影文字

　　字体移动到相应位置后，就可以投影到曲面，在"转换"或者"草图"菜单选择"投影"命令，框选要投影的字体，选择投影到曲面，单击曲面，如图 3-34、图 3-35 所示。

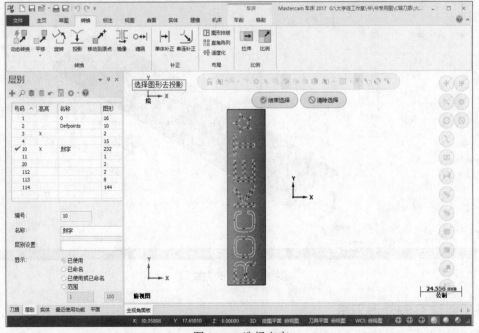

图 3-34　选择文字

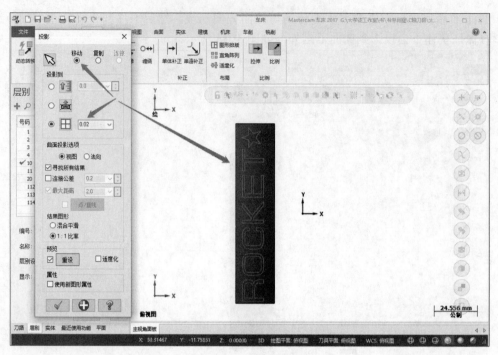

图 3-35　选择曲面

单击  确定按钮，文字就投影到曲面上，如图 3-36 所示。

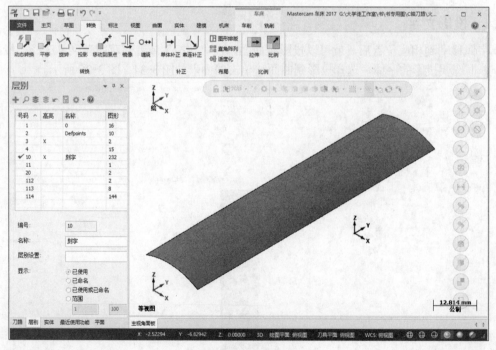

图 3-36　投影完成

### 3.2.5　创建 C 轴外形刀路

投影完成后，可以把曲面关闭，只留下文字，这样加工时便于选择。单击 C 轴外形刀路，框选文字，提示选择起始点，可以任意选择文字的某一点，然后单击 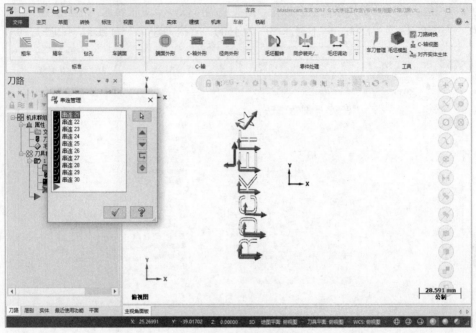 确定按钮，就完成了文字的选择，如图 3-37 所示。

图 3-37　框选文字

再次单击 确定按钮，弹出"编辑刀具"对话框，选择一把木雕刀，刀具外径一般是 4mm，因为木雕刀是单刃，刀具需要剖半，直径太大，不够经济。刀尖的角度通常在 15°～ 17.5° 之间，按照材料和图形的要求来决定刀尖的角度，"刀尖直径"按刀具实际直径设置，这里设置为 0.2，如图 3-38 所示。

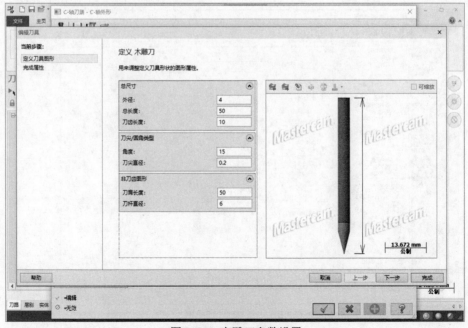

图 3-38　木雕刀参数设置

接着设置进给速度及主轴转速，按照铝件线速度来计算，0.2mm 的刀尖，主轴转速最少需要 15915r/min，但目前车铣复合机床一般都达不到，那就按机床的最高速度来设置即可。有些机床因为参数原因，转速设置为最高值会报警，需要适当降低一点主轴转速，这里设置"主轴转速"为 5500、"进给速率"为 800、"下刀速率"为 1500、"提刀速率"为 2000，如图 3-39 所示。

图 3-39　刀具参数设置

单击"完成"，然后设置切削参数，设"补正方式"为"关"、"外形铣削方式"为"3D"，其余的默认即可，如图 3-40 所示。

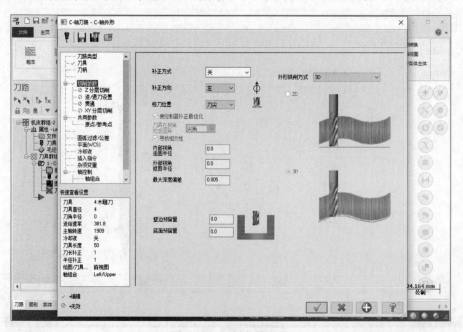

图 3-40　切削参数设置

　　下面的 Z 分层切削、进 / 退刀设置、贯通、XY 分层切削都不需要设置。设置共同参数里的"深度"为 –0.2"增量坐标"，"工件表面"为 0.0"增量坐标"，"下刀位置"为 0.2"增量坐标"，"参考高度"和"安全高度"按默认，如图 3-41 所示。

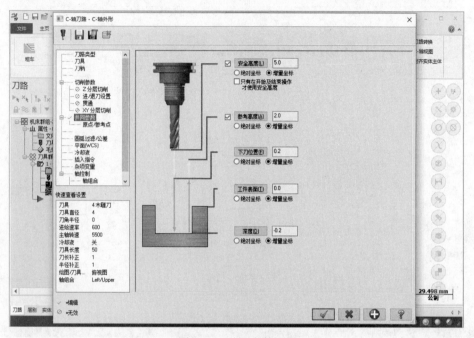

图 3-41　共同参数设置

　　为了让字体更加圆顺均匀，将圆弧过滤中的"平滑设置"打开，"平滑公差"为 50.0，并设置固定"线段长度"为 0.2，如图 3-42 所示。

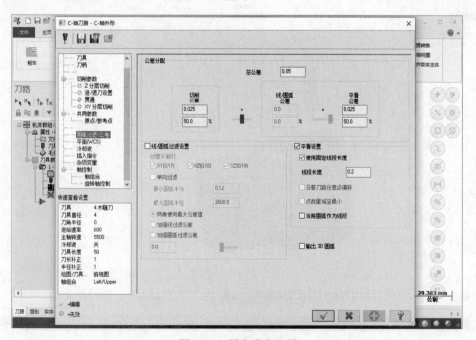

图 3-42　固定线段设置

最后设置旋转轴控制，设"旋转轴方向"为"顺时针"，"旋转直径"按照圆弧的最大直径设置，这里设置为31.646，取消勾选"展开"，完成后单击 确定按钮并生成刀路，如图3-43所示。

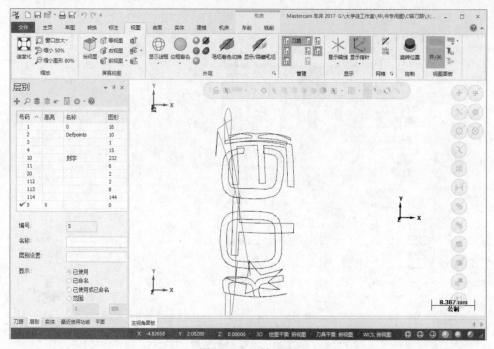

图 3-43　C 轴刀路

为了更直观地观察加工效果，进行实体验证，如图 3-44 所示。

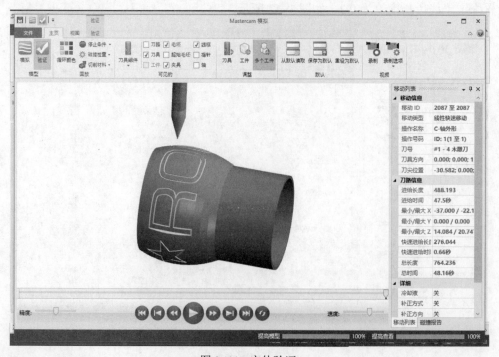

图 3-44　实体验证

## 3.3　后拉夹头

在车床小件加工中，36 机与 46 机用得最多的夹具就是筒夹，特别是 46 机的筒夹夹头，市场需求相当大，夹头按夹持方式可以分为前推夹头和后拉夹头。后拉夹头因为成本低，简单易用，所以是目前的主流。但后拉夹头也有一定的缺陷，同一根毛坯料直径变小时，会有前端面余量不足的情况，为了保证每次工件端面能有足够的余量，不得不留出更多的定位位置。前推夹头座因为设计结构复杂，成本比后拉夹头座高，相应的前推夹头也比后拉夹头贵，前推夹头的优点是毛坯前端面余量一致。前推夹头座及前推夹头如图 3-45，后拉夹头座及后拉夹头图 3-46 所示。

图 3-45　前推夹头座及前推夹头

图 3-46　后拉夹头座及后拉夹头

现在后拉夹头的制作工艺比较成熟，从之前的棒材加工到现在的冷墩毛坯，成本越来越低，加工方法也简化了很多，车削完两头后铣削定位槽及腰形孔，然后热处理，再根据要求精车或者磨削。后拉夹头铣削定位槽及腰形孔比较简单，只需要三个刀路就完成了，C 轴外形铣削腰形槽，径向外形铣削定位槽，最后再倒角。后拉夹头 3D 图档如图 3-47 所示。

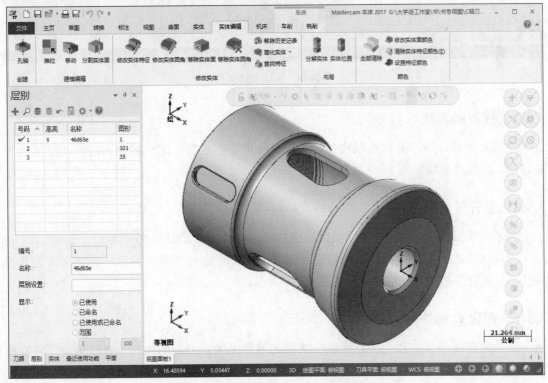

图 3-47　后拉夹头 3D 图档

### 3.3.1 移除实体特征

在做刀路之前，先对图形进行一些修改。为了便于提取轮廓，将图形原有的倒角通过修改实体特征移除，如图 3-48 所示。

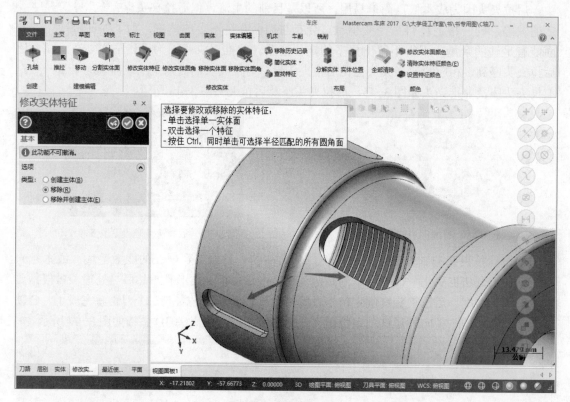

图 3-48　移除实体倒角

### 3.3.2 提取边界线

完成实体修改后，分别提取实体边界线、腰形孔上边界、定位槽倒角边界，然后绘制底部线。提取边界线如图 3-49 所示。

### 3.3.3 展开轮廓线

为了能够用斜插刀路，还需要将腰形槽轮廓进行展开，如图 3-50 所示。

完成这些之后，就可以开始编程了。选择一个带有 C 轴的机床，毛坯直接选择之前的实体，设置好后把毛坯轮廓隐藏，如图 3-51 所示。

### 3.3.4 创建 C 轴外形刀路

因为只有两个 X 向动力头，所以在编程之前要先确定刀具的直径。通过测量，定位槽的宽度是 8.0mm，腰形孔的宽度最小处大于 15.07mm，倒角刀占有一个动力头，剩下的就只能选择直径为 8.0mm 的铣刀。选择 C 轴刀路，串连展开的腰形孔，如图 3-52 所示。

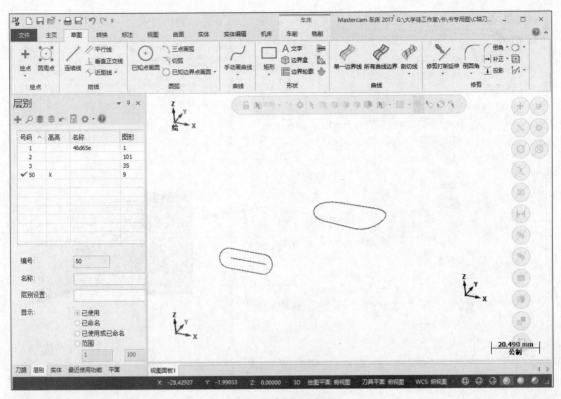

图 3-49　提取边界线

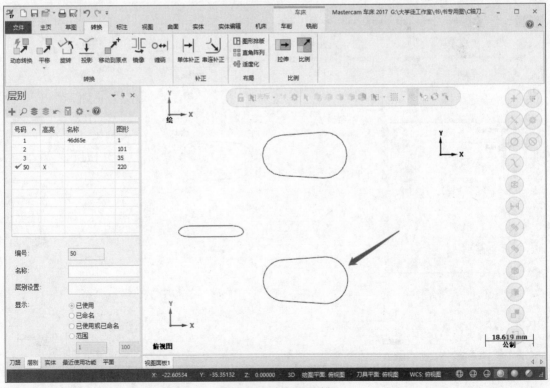

图 3-50　展开腰形槽

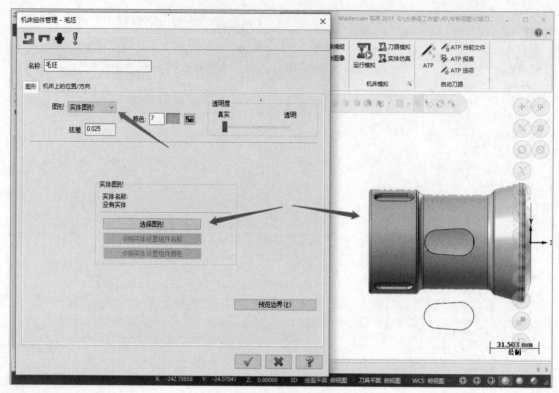

图 3-51　设置实体毛坯

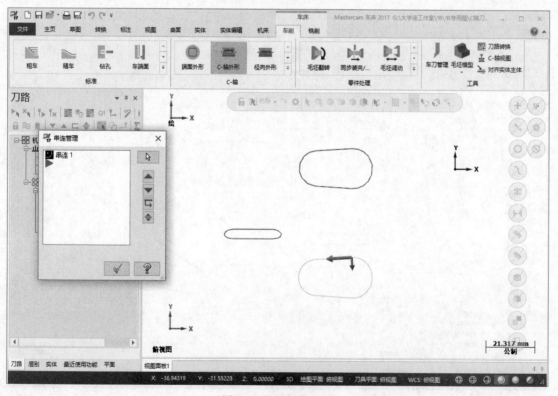

图 3-52　串连腰形孔

　　单击 ✅ 确定按钮后，创建一把直径为 8.0mm 的平底刀，并设置"进给速率"为 0，"下刀速率"和"提刀速率"均为 2000，"主轴转速"为 4744（为什么要把进给速率设置为 0，因为机床自带的后处理在计算 C 轴刀路的进给速率时，会根据图形自动换算 F 值，那么有的地方进给速率会给到最低，这样整个加工过程中，F 值会变得极其不合适，如果没有定制后处理，那就需要将进给速率设为 0，这样后处理程序后，再通过替换的方式将进给速率改为正常值），如图 3-53 所示。

　　切削参数里"外形铣削方式"选择"斜插"，采用"深度"方式，设"斜插深度"为 1.0，并勾选"在最终深度处补平"，其余默认，如图 3-54 所示。

　　再设置进 / 退刀，进刀方式选"垂直"，"长度"为 1.0，"圆弧"为 0.5，"扫描角度"为 45.0，然后复制到退刀，并设置"重叠量"为 1.0，如图 3-55 所示。

　　进 / 退刀设置好后，XY 分层切削设置一下精铣，"粗切"次数为 1 次，"间距"为 0.0，"精修"为 1 次，"间距"为 0.1，使用"最后深度"并勾选"不提刀"，如图 3-56 所示。

　　共同参数修改一下深度，这里根据外径减去内径的一半设置，为了切削到位，适当加深，这里设置为增量值 −3.5mm，其他默认，如图 3-57 所示。

图 3-53　刀具参数设置

图 3-54　切削方式设置

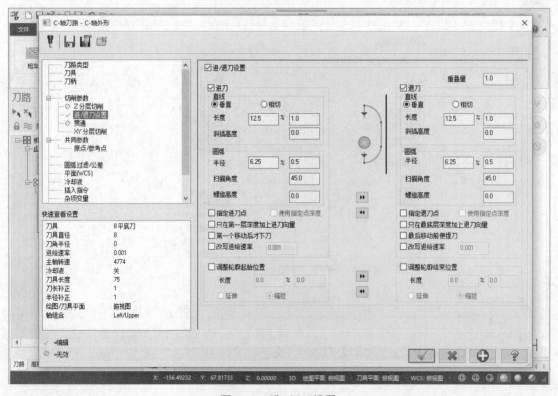

图 3-55　进 / 退刀设置

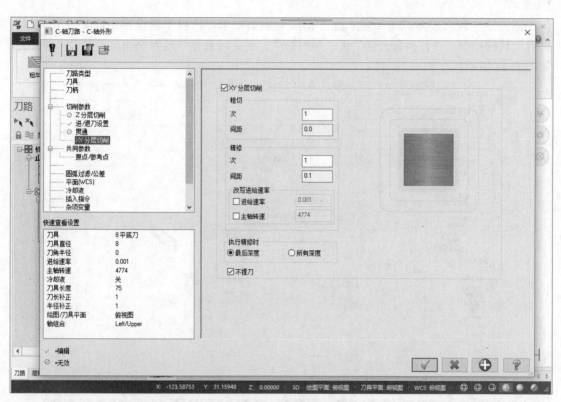

图 3-56　XY 分层切削设置

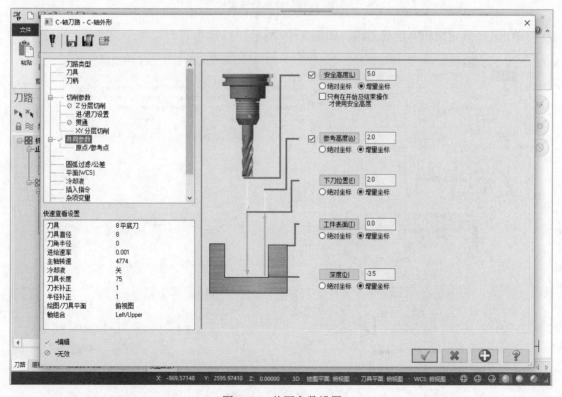

图 3-57　共同参数设置

因为这个腰形槽对表面质量和尺寸都没有很高要求，所以平滑设置不需要设置。最后设置旋转轴控制，"替换轴方向"选"顺时针"，"旋转直径"设为59.0，不勾选"展开"，如图 3-58 所示。

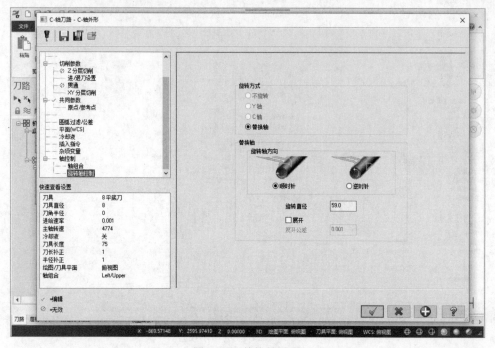

图 3-58　替换轴设置

单击 ✓ 确定按钮并生成刀路，如图 3-59 所示。

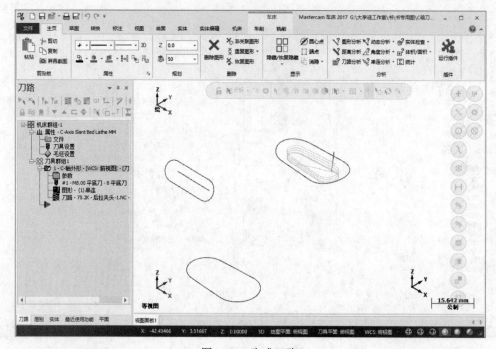

图 3-59　生成刀路

### 3.3.5　刀路转换

因为有三个腰形孔，已经编好了一个，另外两个可以通过刀路转换来完成。由于这个是 C 轴刀路，转换时用"平移"的方式，勾选"复制原始操作"，并勾选"关闭选择原始操作后处理（避免产生重复程序）"，如图 3-60 所示。

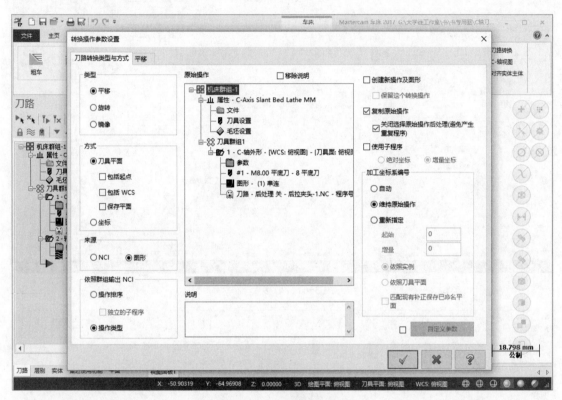

图 3-60　刀路转换之平移

平移的距离在前面的内容已经讲过，这里再重复一下，周长除以平移总数，就得出了单个平移的距离，那么平移的个数要减去第一个，如图 3-61 所示。

设置完成后单击 ✓ 确定按钮就完成了刀路转换，然后再进行实体验证来观察一下实际效果，如图 3-62 所示。

### 3.3.6　创建径向外形刀路

接下来继续做定位槽的刀路。前面做了一个定位槽底部中心线，径向外形刀路就选择这个中心线来加工，如图 3-63 所示。

完成串连之后选择之前创建的直径为 8mm 的铣刀，并设置"进给速率"为 2500.0、"主轴转速"为 4774、"下刀速率"为 2000.0，如图 3-64 所示。

切削参数里将补正关上，并设置"外形铣削方式"为"斜插"，"斜插深度"为 1.0，并勾选"在最终深度处补平"，其他默认，如图 3-65 所示。

接下来直接跳到共同参数设置"深度"为 –2.035，其他默认，如图 3-66 所示。

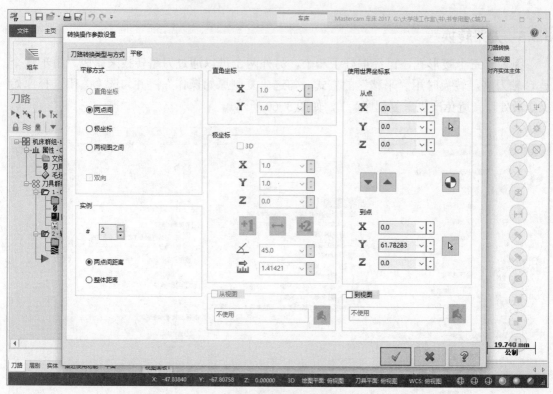

图 3-61　平移 Y 轴

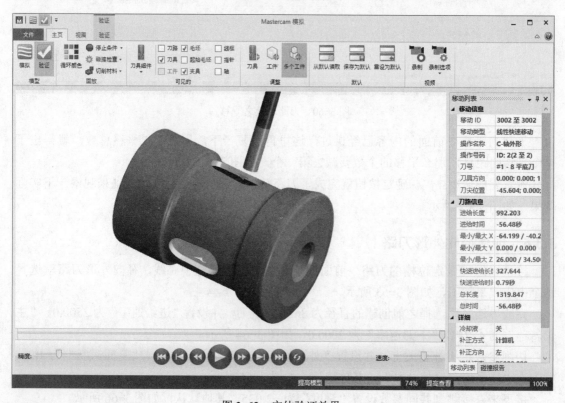

图 3-62　实体验证效果

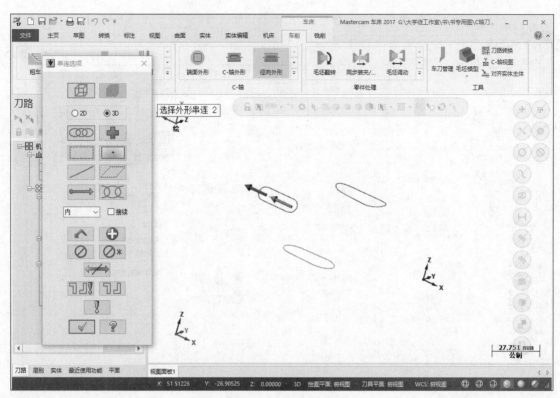

图 3-63　串连中心线

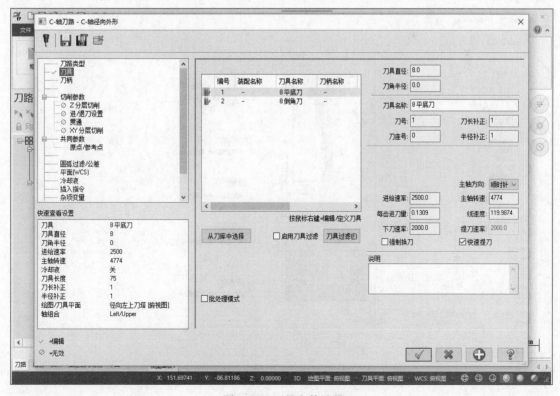

图 3-64　刀具参数设置

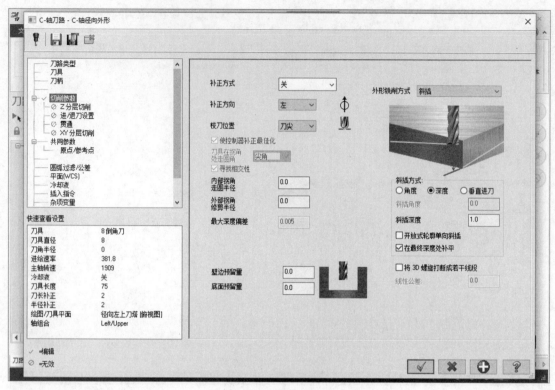

图 3-65　切削参数设置

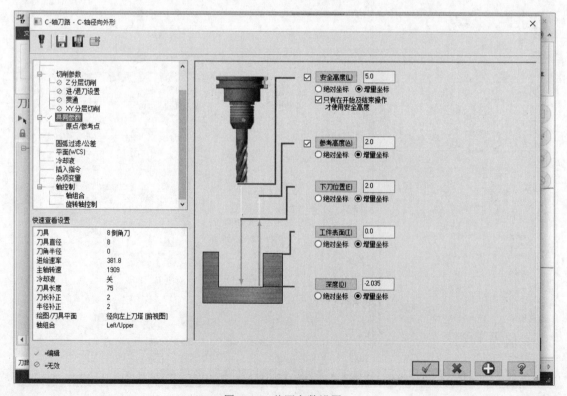

图 3-66　共同参数设置

　　在旋转轴控制里，"旋转方式"选择"Y 轴"，这样 C 轴就只会输出一个，避免输出多个 C 坐标而影响加工效率，如图 3-67 所示。

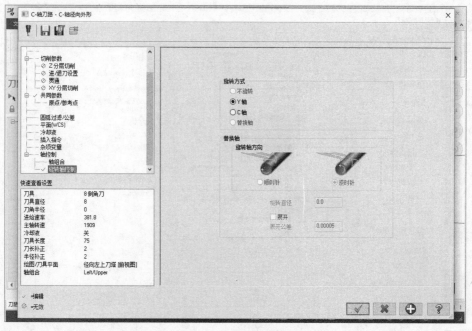

图 3-67　旋转方式设置

　　设置完成后单击 ✓ 确定按钮并生成刀路，如图 3-68 所示。

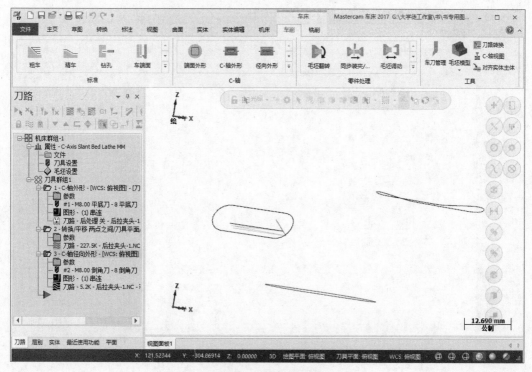

图 3-68　径向外形刀路

定位槽有三个，还有两个依然用刀路转换来完成。径向外形刀路转换时可以用"旋转"，具体设置如图3-69～图3-71所示。

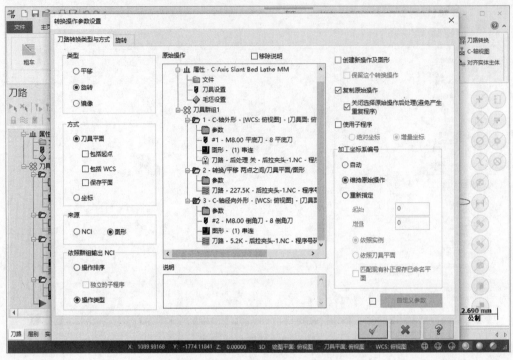

图 3-69　刀路转换之旋转

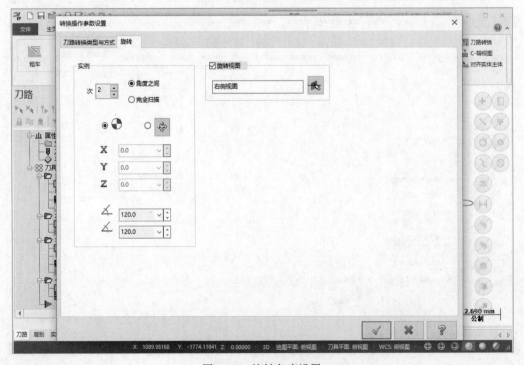

图 3-70　旋转角度设置

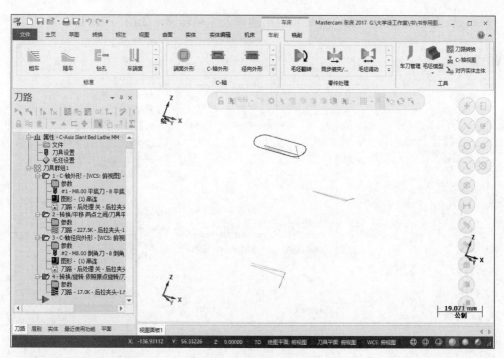

图 3-71 刀路转换完成

### 3.3.7 3D 倒角

前面的腰形孔和定位槽铣削完成后，再倒一个 C0.5mm 的角作为收尾，选择"C 轴外形"，串连腰形槽外形轮廓线，如图 3-72 所示。

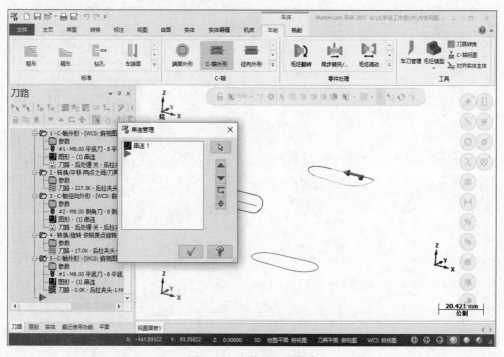

图 3-72 串连腰形槽轮廓

选择直径为 8mm 的倒角刀，并设置进给速率及主轴转速，如图 3-73 所示。

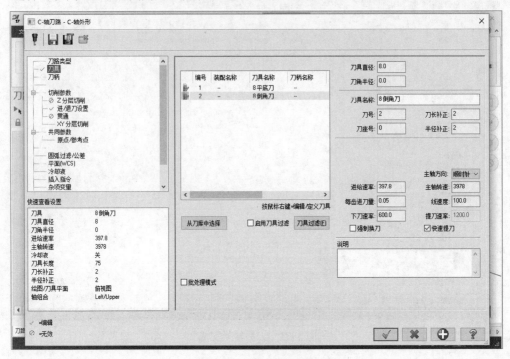

图 3-73　倒角刀参数设置

在切削参数里设置"外形铣削方式"为"3D 倒角"，"宽度"为 0.5，"刀尖补正"为 1.0，如图 3-74 所示。

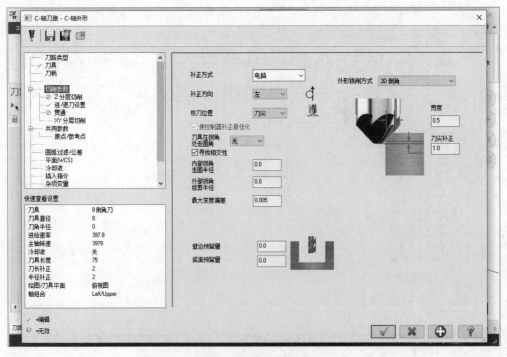

图 3-74　切削参数设置

进 / 退刀设置"直线"为"垂直"，"长度"为 1.0，"圆弧"为 0.5，"扫描角度"为 45.0，并复制到退刀，设"重叠量"为 1.0，其他默认，如图 3-75 所示。

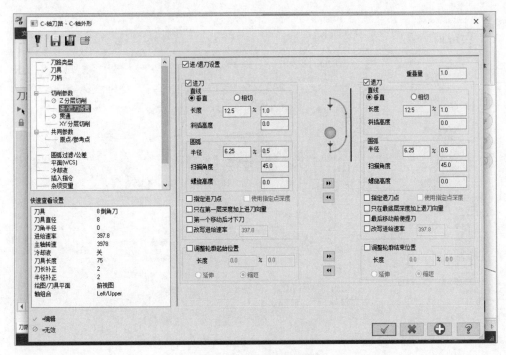

图 3-75　进 / 退刀设置

XY 分层切削取消，共同参数里的"深度"清零，如图 3-76 所示。

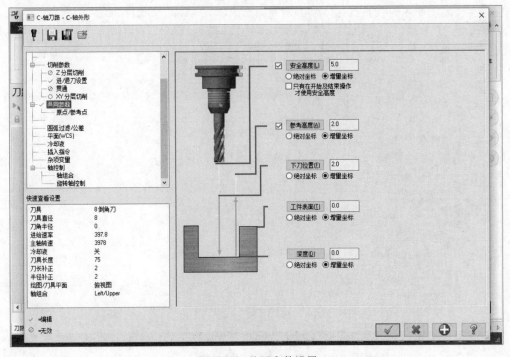

图 3-76　共同参数设置

旋转轴控制设置"旋转轴方向"为"顺时针","旋转直径"为59.0,并将"展开"勾选上,"展开公差"默认,如图3-77所示。

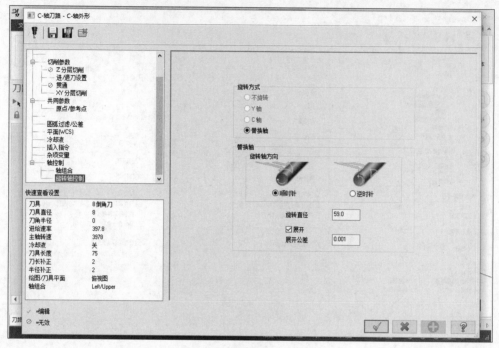

图3-77  旋转轴控制设置

完成后单击 ✓ 确定按钮并生成刀路,如图3-78所示。

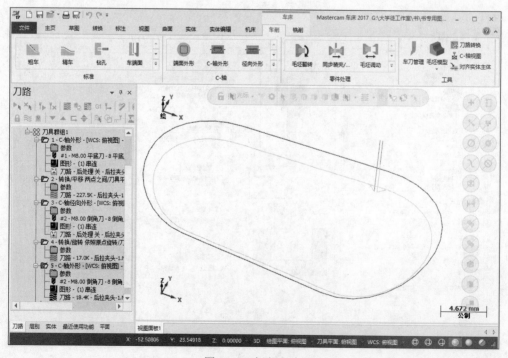

图3-78  倒角刀路

还有两个腰形孔倒角通过刀路转换来完成，转换方式用"平移"，平移的"来源"在这里需要选择"NCI"，否则会提示刀具补正不成功，如图 3-79、图 3-80 所示。

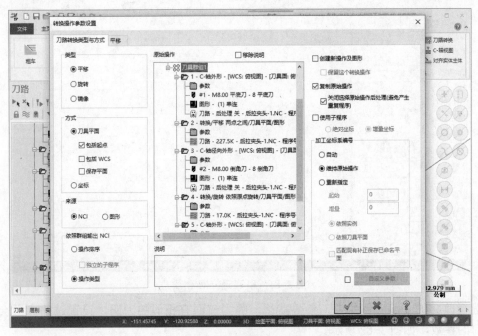

图 3-79　刀路转换平移

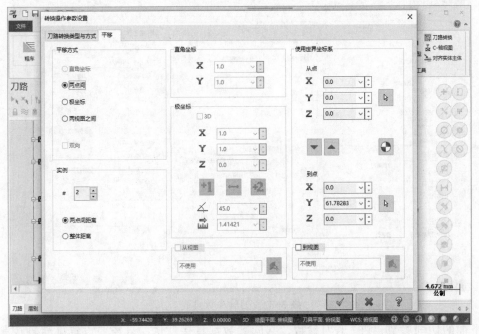

图 3-80　平移距离设置

平移完成之后，再对定位槽进行倒角，还是用"C 轴外形"，串连定位槽轮廓，如图 3-81 所示。

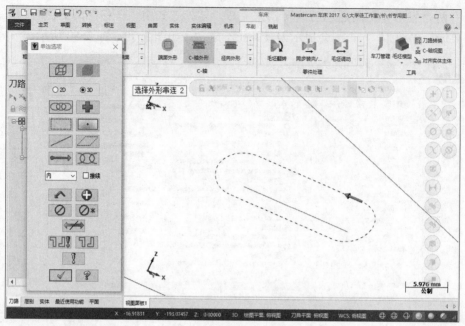

图 3-81　串连定位槽轮廓

选择前面的 φ8mm 倒角刀，参数默认，因为前面有相似的刀路，设置过的参数会默认为当前的参数，如图 3-82 所示。

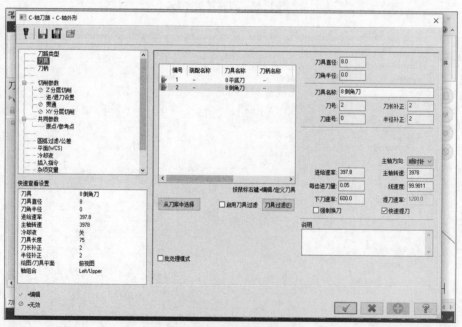

图 3-82　刀具参数设置

下面的切削参数、进/退刀参数、共同参数都直接默认，只需要设置旋转轴控制里的"旋转直径"为 65.2，如图 3-83 所示。

完成后单击 ✓ 确定按钮并生成刀路，然后再通过刀路转换将另外两个定位槽也倒角，具体参数设置可以参照前面的刀路转换步骤。转换完成后，选择所有刀路进行一次实体验证，检查多个刀路之间是否有碰撞或者过切的情况，如图 3-84 所示。

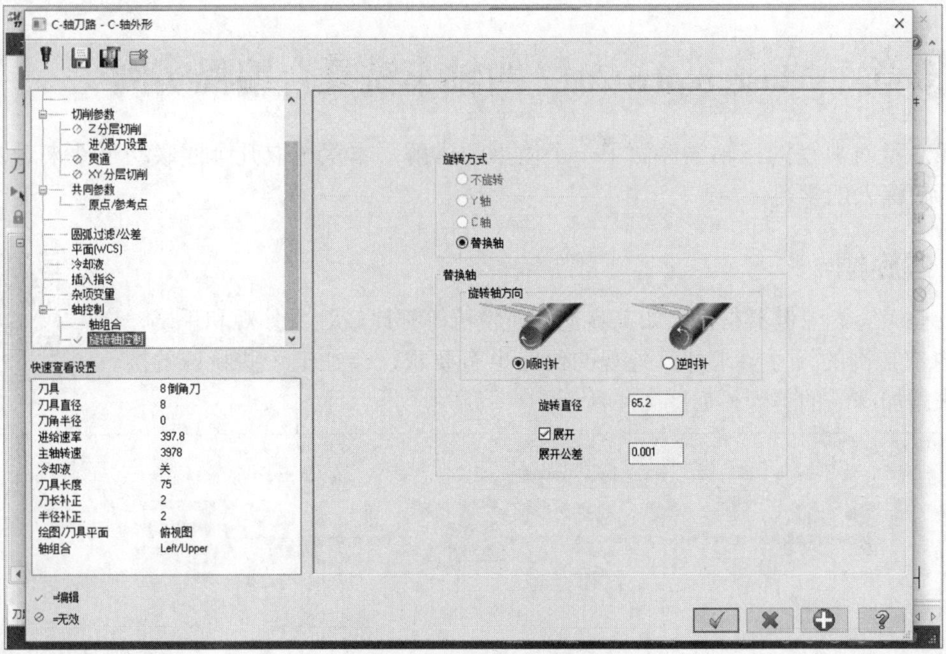

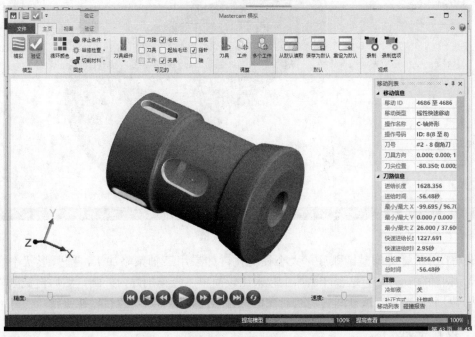

图 3-83　旋转直径设置

图 3-84　实体验证

　　在用到 C 轴刀路时需要注意后处理是否支持，如果后处理出来刀路都重复在一起，那就不要用转换，串连时将另两个轮廓一起串连上，这样后处理出来 C 轴的角度就不会有问题。还有另一个情况需要注意，当刀路中出现了 360° 与零点几度之间的变化，还要确定机床是否支持 C 轴就近旋转，否则 C 轴会往回旋转，回到零点几度，会直接将工件过切。

# 第❹章 Mastercam 2017 四轴车铣复合编程实例 >>>

第 3 章对典型的三轴零件做了一个简单的讲解，本章选取几个四联动工件来对四轴策略进行更深入的学习。

## 4.1 螺旋槽

一些美容、保健器材，比如美容笔、筋膜枪等都比较注重外观和手感，除了内部结构的尺寸要求外，外观的纹路也有要求，会加上一些特殊的圆弧槽来增加产品的美观，如图 4-1 所示。

扫一扫看视频

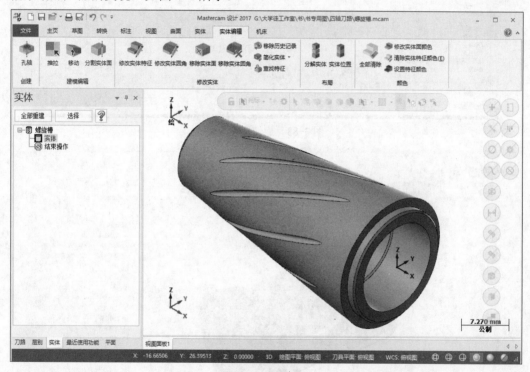

图 4-1　螺旋槽

图 4-1 所示螺旋槽是圆弧底，大小径变化，如果用三轴策略加工，圆弧形状不标准，所以要用四轴联动刀路。这个产品加工起来比较简单，先车削好内外圆，然后再铣削外圆的螺旋槽，最后再精车一次外圆后切断。在这里省略掉车床刀路，直接做螺旋槽。

### 4.1.1 设置毛坯

先将工件对齐实体主体，然后在毛坯设置里选择这个实体作为毛坯，如图 4-2 所示。

### 4.1.2 流线曲线

毛坯设置完成后，还需要把加工的轮廓线做出来，这里用流线曲线进行。在"草图"菜单里选择"曲线"下的"流线曲线"，弹出"流线曲线"对话框，"弦高公差"默认，选择"数量"为 3、"方向"为"U"，再单击螺旋槽曲面，如图 4-3 所示。

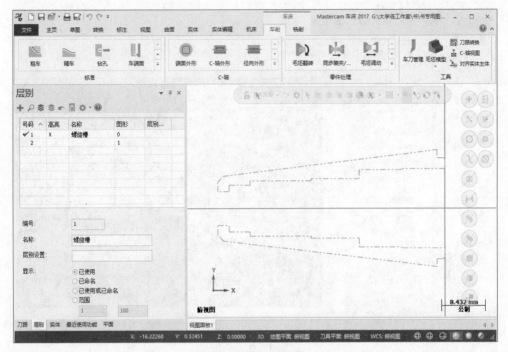

图 4-2　毛坯设置

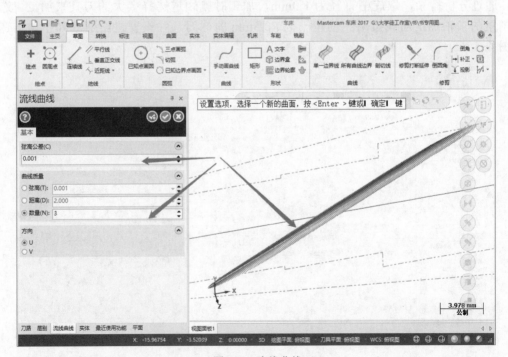

图 4-3　流线曲线

因为螺旋槽是均分在圆柱面上的，所以只需要做一条线，其他的通过旋转复制做出即可。通过计算，一共有 8 条螺旋槽，先做好刀路再通过刀路转换来复制刀路，或者复制线条，再一起做刀路。曲线做出来之后，再分析一下圆弧的大小，这里用动态分析，如图 4-4 所示。

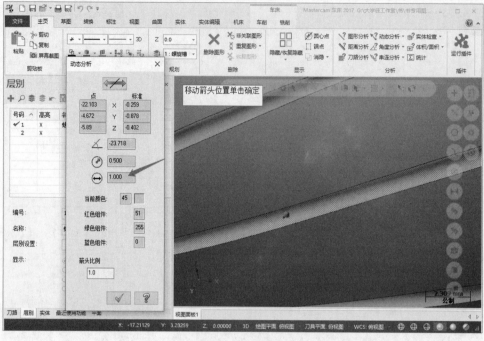

图 4-4　动态分析

通过分析得知，螺旋槽直径为 1.0mm，加工时就知道选择多大的刀具来加工。选择铣削里的多轴加工曲线策略，创建一把 $R0.5$mm 的球刀，并设置进给速率和主轴转速，如图 4-5 所示。

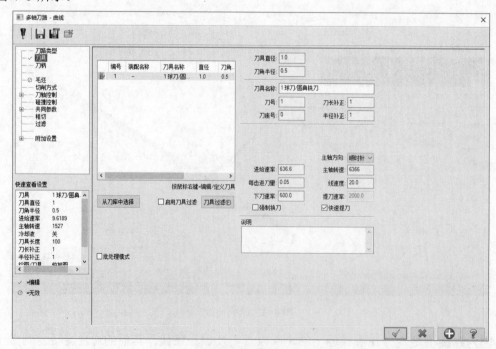

图 4-5　创建刀具

### 4.1.3　创建曲线刀路

切削参数里设置"曲线类型"为"3D 曲线"，单击右边的箭头，并选择之前创建的流线，因为所选流线是圆弧底部的线，所以要把补正方式关掉，如图 4-6、图 4-7 所示。

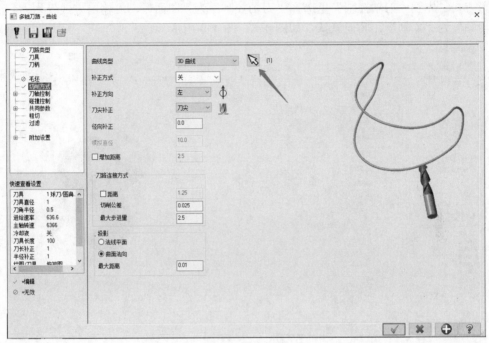

图 4-6　曲线类型

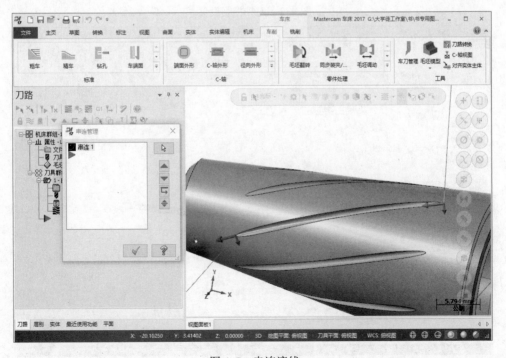

图 4-7　串连流线

### 4.1.4 刀轴控制设置

在切削方式界面有个"投影"选项，这个选项如果按照正常步骤来走是无法更改的，因为还没有选择刀轴控制，所以要先跳过这个步骤，设置好刀轴控制后，再返回这个界面选择投影方式。先到"刀轴控制"里选择"刀轴控制"为"曲面"，"输出方式"为"4 轴"，"旋转轴"为"X 轴"，其他默认，如图 4-8、图 4-9 所示。

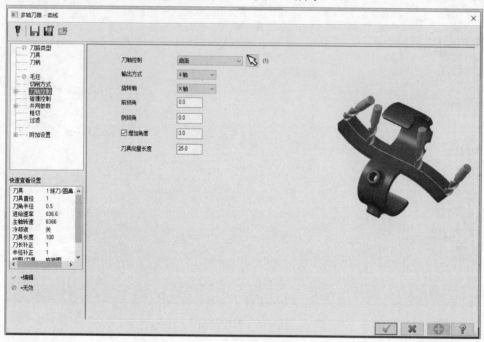

图 4-8  刀轴控制设置

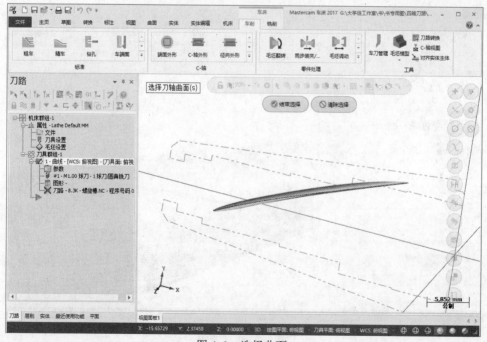

图 4-9  选择曲面

## 4.1.5　投影设置

刀轴控制设置好之后，再返回切削方式界面，将"投影"设为"曲面法向"，"最大距离"默认即可，因为这个线是直接在曲面上的，如果选择其他平面上的图形投影到这个曲面上，最大距离要大于或者等于图形到曲面的距离。碰撞控制设置"刀尖控制"为"在投影曲线上"，"向量深度"默认 0.0，其余默认，如图 4-10 所示。

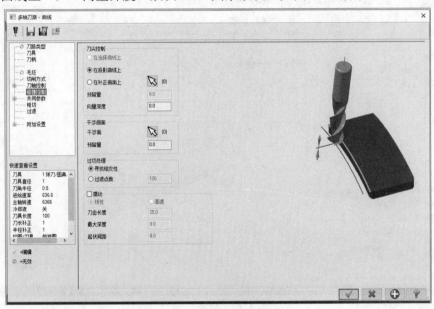

图 4-10　碰撞控制设置

接着设置"共同参数"，"安全高度"根据工件大小来计算合理的高度，这里设置为 10.0 "增量坐标"，"参考高度"设为 10.0，"下刀位置"设为 2.0，两刀具切削间隙保持在距离 2.0mm，如图 4-11 所示。

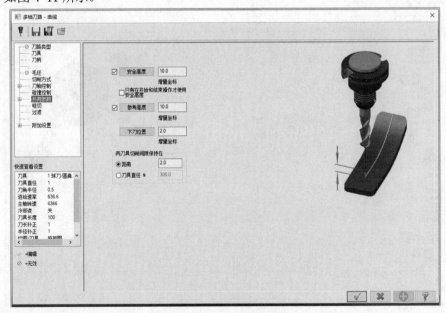

图 4-11　共同参数设置

### 4.1.6 安全区域设置

单击"共同参数"前面的折叠号，单击"安全区域"，勾选"安全区域"，单击"自动查找"，然后选择实体面，软件会自动根据曲面计算出安全距离，如果感觉过大，可以手工设置得小一点，如图 4-12 所示。

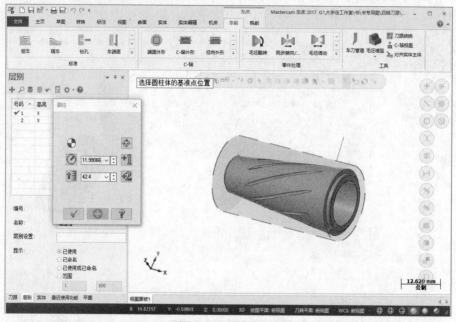

图 4-12　安全区域

安全区域主要是为了保证刀路与刀路之间的连接安全，如果认为刀路足够安全，也可以不用设置。还有一个"过滤"设置，如果程序容量太大，可以开启过滤，公差越小，过滤得越多，如图 4-13 所示。

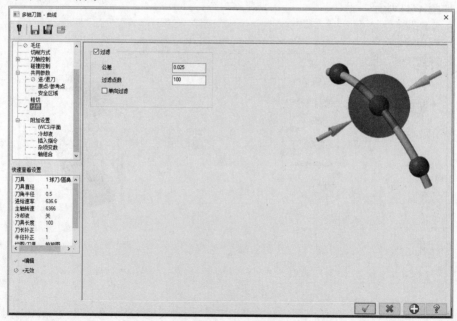

图 4-13　过滤设置

最后将平面设置下，"刀具平面"与"绘图面"均为"俯视图"，如图 4-14 所示。

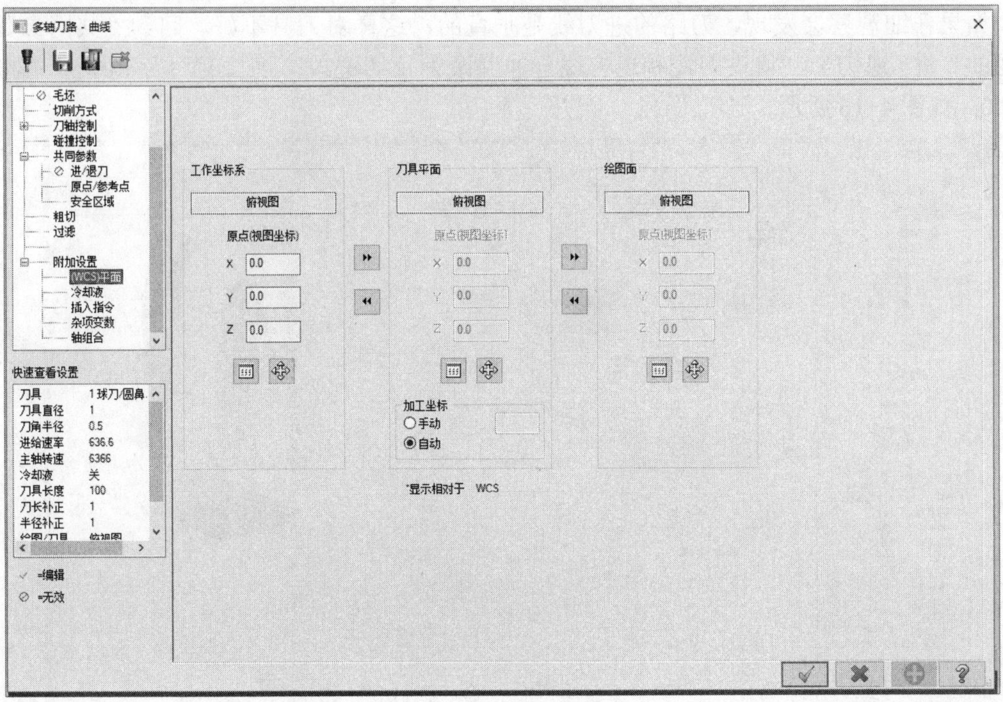

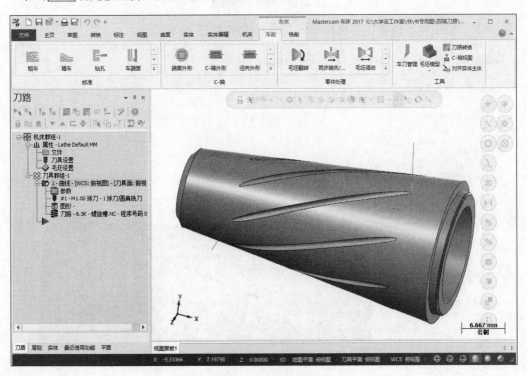

图 4-14　平面设置

单击 ✓ 确定按钮并生成刀路，如图 4-15 所示。

图 4-15　曲线刀路

## 4.1.7 进/退刀设置

如果仔细观察会发现，刀路的进刀线是垂直的，这样对刀具不好。回到"共同参数"里面的"进/退刀"，将进刀线和退刀线延伸并改为正切进入，"长度"为1.0，"高度"为1.0，如图4-16所示。

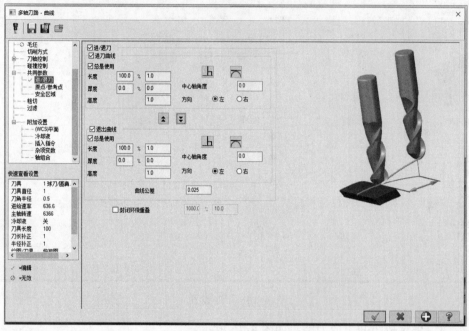

图4-16 进/退刀设置

再次单击 ✓ 确定按钮，并重新生成刀路，如图4-17所示。

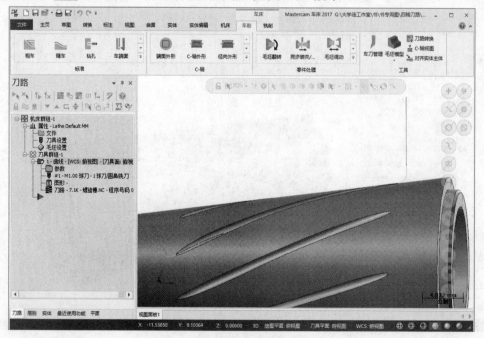

图4-17 曲线刀路

没有问题之后，直接通过刀路转换旋转 7 次即可，旋转完成后，做一个实体模拟，如图 4-18 所示。

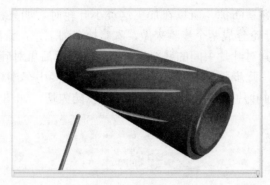

图 4-18　实体验证

刀路转换的优点是编程速度快。在这个工件中，没有太大切削量，不需要分层，如果想尽可能避免来回跳刀，需要在选线的时候辛苦一点，一根根地去单击轮廓线，人为控制路径，把刀路做成首尾相连的状态。

## 4.2　小叶轮

在工业产品中，散热用的小叶轮需求量较大，很多是铝合金材料制成的，一般加工工艺都是整个铝棒加工出来，因为尺寸比较小，形状简单，可以用四轴联动车铣复合机床加工出来，如图 4-19 所示。

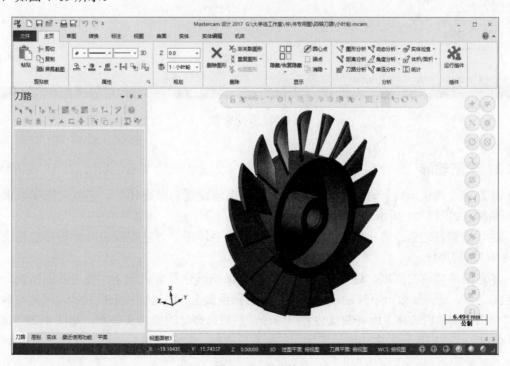

图 4-19　小叶轮

### 4.2.1　工艺分析

通过分析发现，叶片之间的直线距离不足 1.5mm，刀具选择的范围比较小，最重要的一点，转速不够，刀具容易断掉，所以在加工这类小叶轮时，如果机床转速达不到，加工效率就比较低。这个小叶轮分成两个步骤来做，省略掉车削工艺，铣削需要粗加工加精铣，先用直径为 1.4mm 的刀具对叶片中间的残料进行粗加工，然后再对叶片进行精加工。

和前面的案例一样，此步骤省略车床编程的部分，直接用车削轮廓做成车削毛坯。在实际车削轮廓时，还要对叶片部位留出足够的余量，以防欠切，如图 4-20 所示。

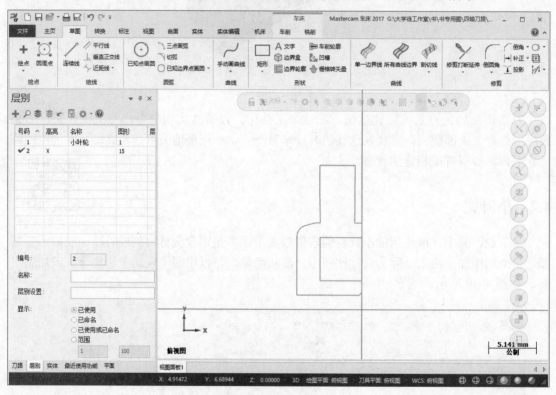

图 4-20　车削轮廓

### 4.2.2　车削轮廓

然后在"机床组件管理 - 毛坯"对话框中将毛坯设置为"旋转"，选择前面提取出的车削轮廓，如图 4-21 所示。

毛坯设置好之后，将小叶轮实体图显示，隐藏毛坯图，并且提取出叶片的顶部轮廓，如图 4-22 所示。

本着简单实用的原则，这个小叶轮直接用 C 轴外形分层来粗加工，侧刃铣削精铣。在粗加工之前，还需要做一个辅助线来进行 C 轴斜插粗加工。通过实体来提取叶片底部轮廓，在"草图"菜单栏选择"所有曲线边界"命令，然后选择叶轮底部实体面，如图 4-23 所示。

单击 ✓ 确定按钮后生成所选实体面的所有轮廓线，隐藏实体后就可以看到，如图 4-24 所示。

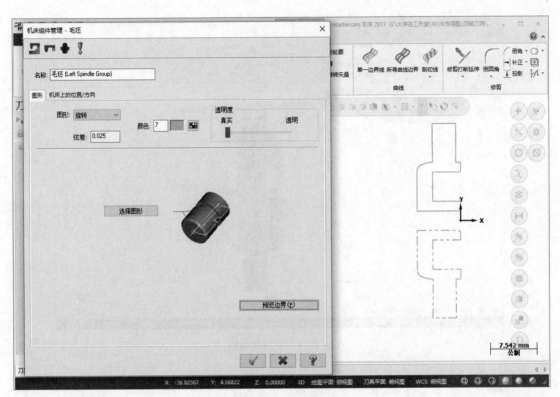

图 4-21　毛坯设置

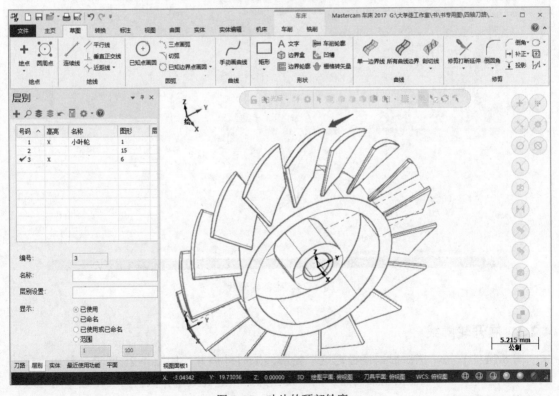

图 4-22　叶片的顶部轮廓

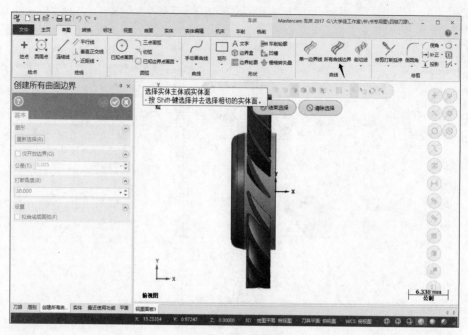

图 4-23　选择实体面

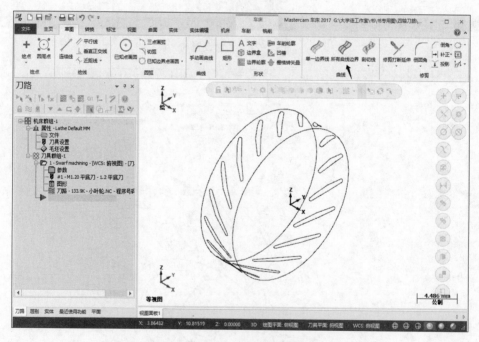

图 4-24　底部轮廓线

### 4.2.3　展开轮廓线

分析圆的直径，然后根据直径把这个轮廓线顺时针展开，如图 4-25 所示。前面讲过，只有 2D 的线段才可以做出斜插刀路，为了使粗加工快速高效，并保护刀具，这里用比较常用的斜插加工方法。

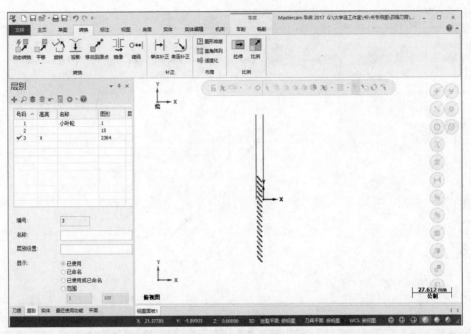

图 4-25　展开图

底部轮廓线展开后，测量两个叶片的宽度，然后在两叶片之间做一个等距辅助线，如图 4-26 所示。

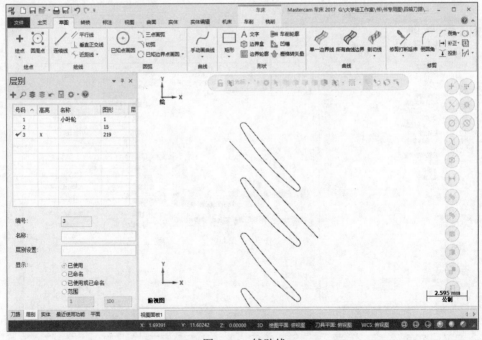

图 4-26　辅助线

### 4.2.4　创建 C 轴外形刀路

辅助线做好以后，选择"车床"里的"C 轴外形"，选择前面做好的辅助线，如图 4-27 所示。

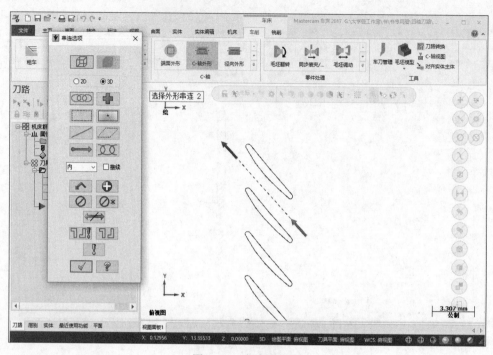

图 4-27　串连辅助线

然后创建一把直径为 1.2mm 的平底刀，并设置好刀具参数，如图 4-28 所示。

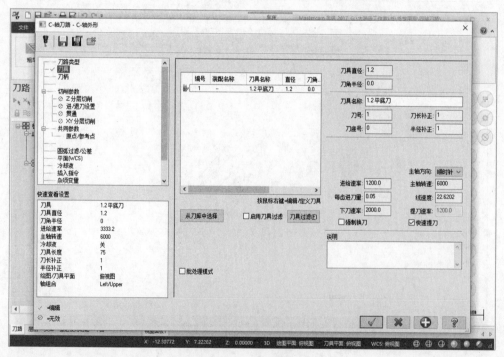

图 4-28　刀具参数设置

在切削参数里关掉补正方式，把"外形铣削方式"改为"斜插"，"斜插"深度设为 0.3，勾选"在最终深度处补平"，如图 4-29 所示。

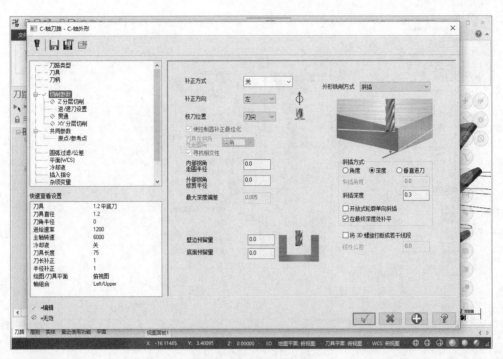

图 4-29　切削参数设置

"进 / 退刀设置"的"进刀"设为"相切","长度"设为 55.0,相应参数设置复制到"退刀",其余默认,如图 4-30 所示。

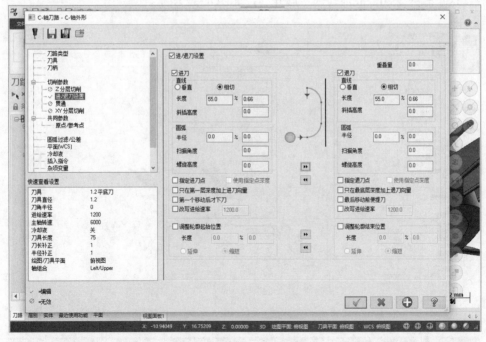

图 4-30　进 / 退刀设置

"共同参数"里全部用增量值,"工件表面"设为 6.0,"下刀位置"设为 0.5,其他默认,如图 4-31 所示。

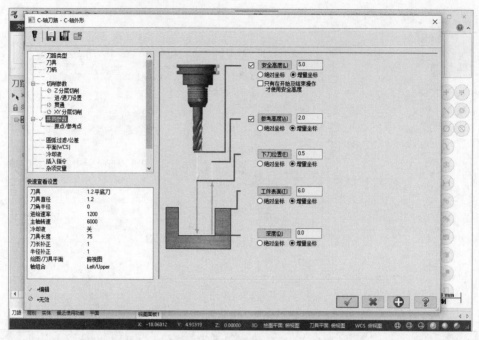

图 4-31　共同参数设置

共同参数设置完成后，在旋转轴控制里将"替换轴方向"设为"顺时针"，因为图形展开时用的是顺时针，所以加工时也要用顺时针，反之就是逆时针。旋转直径就是叶片底部的直径，这里输入 18.0，取消勾选"展开"，如图 4-32 所示。

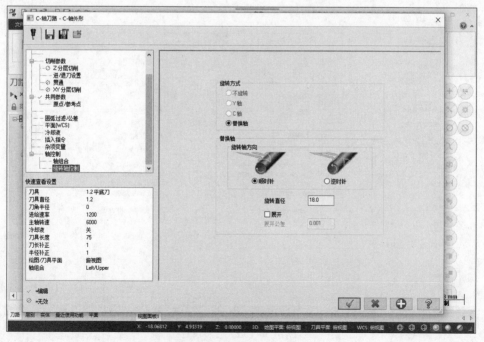

图 4-32　旋转轴控制设置

设置完成后单击 ✓ 确定按钮并生成刀路，如图 4-33 所示。

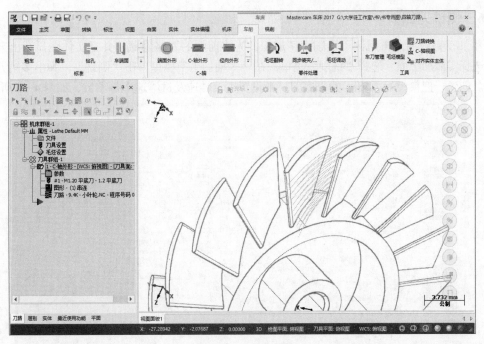

图 4-33　C 轴刀路

## 4.2.5　刀路转换

　　这里只有一个叶片的粗加工刀路，如果要把 17 个叶片全部粗加工，可以通过刀路转换平移的方式完成。注意转换时一定要选"图形"，NCI 后处理出来角度是重复的，如图 4-34 所示。

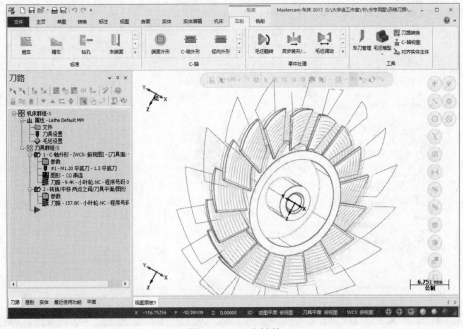

图 4-34　刀路转换

## 4.2.6 侧铣刀路

粗加工完成后，再用侧刃铣削来精加工。先将前面的刀路隐藏，并把实体图显示出来，以便于选择实体加工面。选择"铣削"菜单，在"多轴加工"栏里单击"侧铣"，弹出多轴刀路对话框，创建一把直径为 1.4mm 的平底刀，并设置主轴转速及进给速率等参数，如图 4-35 所示。

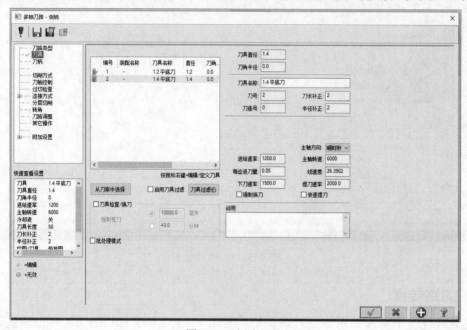

图 4-35　新建刀具

在切削方式里先选择切削曲面，这里选择单叶片所有的曲面，如图 4-36 所示。

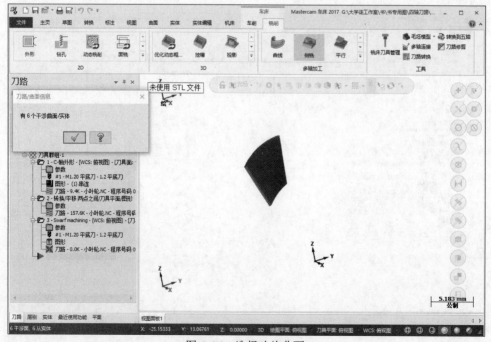

图 4-36　选择叶片曲面

选择好曲面后单击 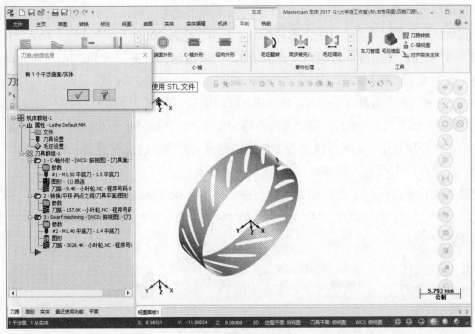 确定按钮返回参数界面，再勾选"底部曲面"，并选择曲面，如图 4-37 所示。

图 4-37　底部曲面

曲面选择好后单击确定 按钮再次返回参数界面。其实侧铣刀路需要设置的参数非常少，基本等于傻瓜式，在"切削方式"界面一般只需要设置"切削公差"即可，这里改为0.01，其他默认，如图 4-38 所示。

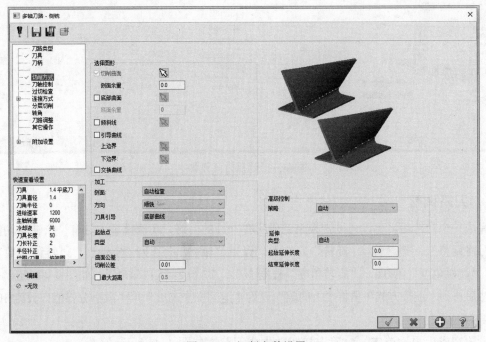

图 4-38　切削参数设置

刀轴控制和过切检查可以直接跳过，设置"连接方式"的"开始点"与"结束点"，默认"开始点"为"从安全高度"，"结束点"为"返回安全高度"，将右边的切入切出选择为"使用切入""使用切出"，由于这个曲面是封闭式的，所以大小间隙不需要设置。然后把"安全区域"的"类型"改为"圆柱"，"方向"设为"X 轴"，"半径"输入 15，"快速提刀"改为 10，"进给下刀距离"设为 2.0，"进给退刀距离"设为 2.0，"空刀移动安全高度"设为 6，如图 4-39 所示。

单击"连接方式"前面的"+"号，再单击"默认切入 / 切出"，"切入"设为"切弧"，"刀轴方向"设为"固定"，"宽度"和"长度"均为 0.05，然后复制到"切出"，如图 4-40 所示。

再单击"分层切削"，对深度进行分层，按距离来分层，这里设置为 0.5，"模式"设为"渐变"，"方向"设为"沿刀轴"，如图 4-41 所示。

设置完成后单击确定按钮并生成刀路，如图 4-42 所示。

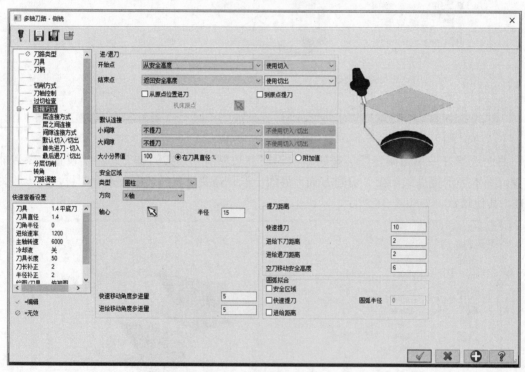

图 4-39　连接方式设置

## 4.2.7　刀路调整

完成一个叶片后，可以通过转换来完成所有叶片的刀路。在侧铣里本身有一个转换功能，叫"刀路调整"，把"转换 / 旋转"勾选上，设置"轴 / 方向"为"X 轴"、"转移次数"为 17.0、"起始角度"为 0.0、"旋转角度"根据 360°/17 得出 21.176472°，如图 4-43 所示。

然后再到"连接方式"里将"大间隙"设为"返回安全高度"，"大小分界值"设为 100，如图 4-44 所示。

设置完成后再次单击确定按钮并生成刀路，如图 4-45 所示。

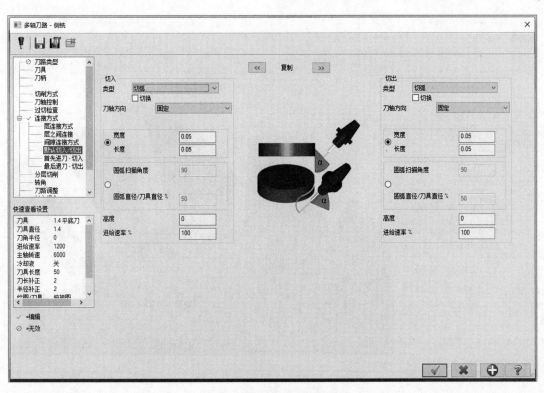

图 4-40　默认切入 / 切出设置

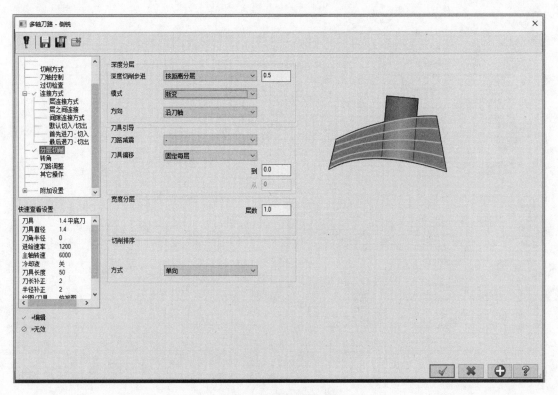

图 4-41　分层切削设置

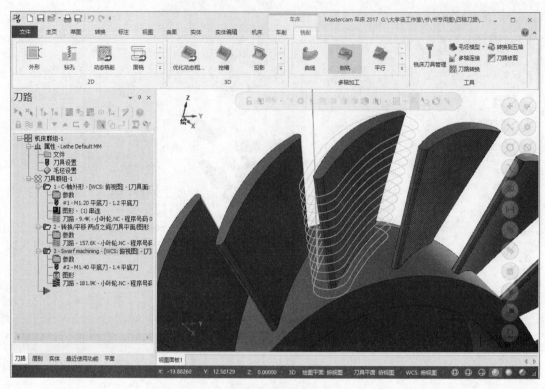

图 4-42　侧铣刀路

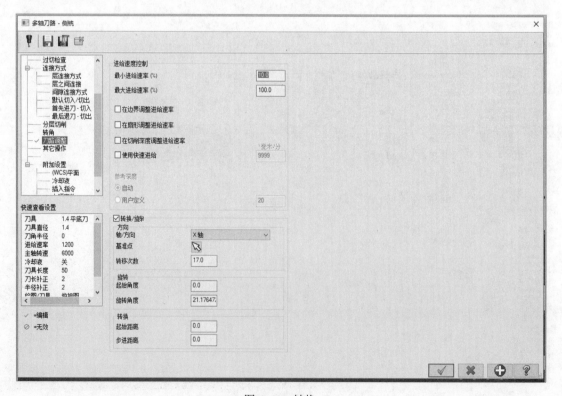

图 4-43　转换

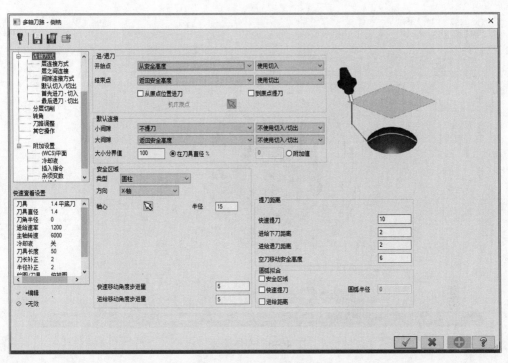

图 4-44　大间隙设置

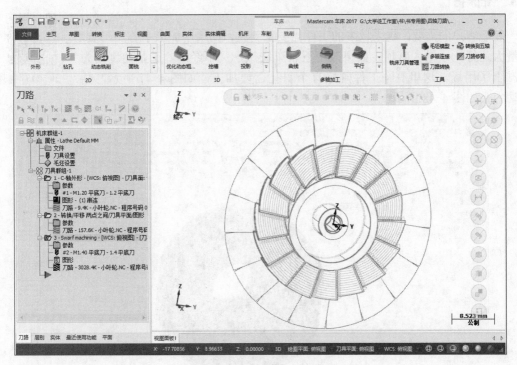

图 4-45　叶片加工刀路

最后再对所有刀路进行一次实体验证，如图 4-46 所示。

实体验证中有一部分未切削到，在实际加工中，未切削到的区域会在切削过程中自行掉落，铝件小残留对刀具没有太大影响。

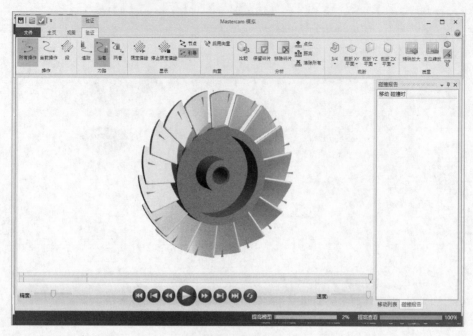

图 4-46　实体验证

## 4.3　钻斜孔

随着客户的需要，越来越多的工件需要钻斜孔，如果用加工中心加工装，数量大还好，小量太麻烦；如果改用五轴车铣做，又不经济。于是角度动力头派上了用场。这里有个工件刚好有个斜孔需要加工，如图 4-47 所示，角度动力头如图 4-48 所示。

扫一扫看视频

图 4-47　斜孔工件

图 4-48　角度动力头

## 4.3.1　旋转工件

在编程之前，需要将斜孔的角度旋转到 180°，这样便于编程加工。由于这个斜孔不在标准视图上，先用孔轴命令提取出轴线，再测量轴线与 0° 线之间的角度，根据测量出的角度再旋转一定角度，使斜度刚好在 180° 的位置，如图 4-49 所示。

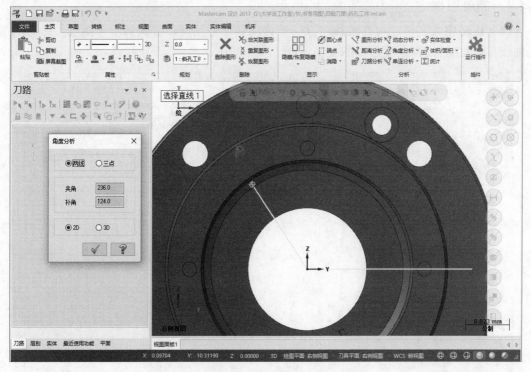

图 4-49　测量斜孔角度

从图 4-49 中测量得知斜孔的角度是 124°，那么就把图在右侧视图里旋转 56°，这样斜孔就刚好在 180° 的位置上，如图 4-50 所示。

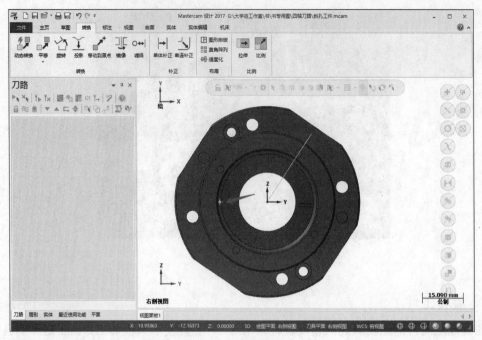

图 4-50　旋转斜孔

## 4.3.2　测量角度

斜孔旋转完成之后，将孔轴线和点一起移动到 2 号图层，并关掉 1 号图层，然后测量孔轴线与辅助线的 2D 角度，如图 4-51 所示。

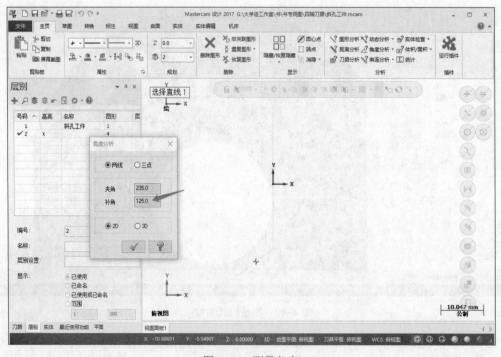

图 4-51　测量角度

　　测量出孔与端面的角度为 125°，在角度动力头上把角度调整到 −35° 的位置。在调角度时注意动力头安装的方向，如果是角度指示数字朝上，那么角度就是 +35°。对刀的时候采用参照法对刀，分别对好 X 轴与 Z 轴，然后根据勾股定理计算出实际对刀点，在刀补里补偿。由于钻头是带有角度的，对刀比较麻烦，需要通过斜孔的角度来对刀，可以车一个正交于钻头角度的斜面，然后在斜面中间通过坐标来切一个 V 形槽，深度为 0.2mm，然后将斜钻头钻尖对在这个 V 形槽里，再通过刀具位置界面的测量来获取钻头的坐标。这种方法对刀是有误差的，所以需要试钻孔来修正坐标值。

　　再回到软件界面，钻这个斜孔时选择默认机床，如果用其他机床，需要检查机床定义管理对话框里是否有 B 轴，如图 4-52 所示。如果没有，那么在选择多轴钻孔时就会弹出报警信息：机床并没有正确的旋转轴，如图 4-53 所示。所以一定要选择合适的机床，这里用默认的机床即可。

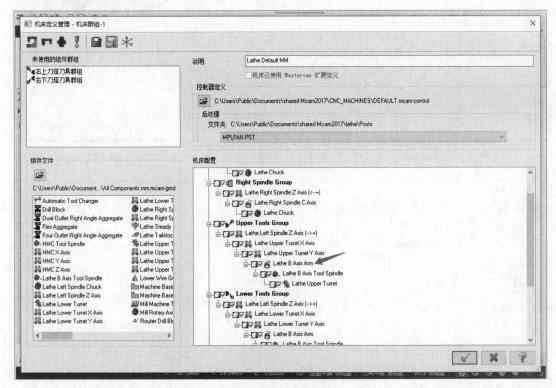

图 4-52　机床定义

### 4.3.3　多轴钻孔

　　在"铣削"的"多轴加工"菜单里单击"钻孔"命令，不要选择"2D"菜单里的"钻孔"。弹出对话框，先创建一把直径为 0.5mm 的钻头，并设置刀具参数，如图 4-54 所示。

　　在切削方式里，"图形类型"选择用"线"，就是前面做出来的刀轴线，在选择线时一定要注意方向，选择完成之后，箭头一定要朝向外面，如图 4-55 所示。

　　选择完成后单击 ✅ 确定按钮，"循环方式"用 G73，"首次啄钻"深度为 0.3，这个是铝件，如果是铝用合金钻头，"首次啄钻"深度宜改到 0.5，其他默认，如图 4-56 所示。

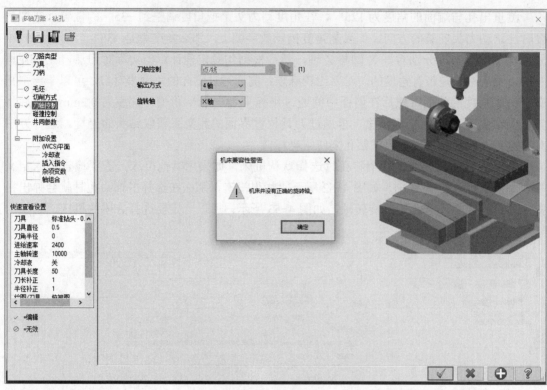

图 4-53　报警信息

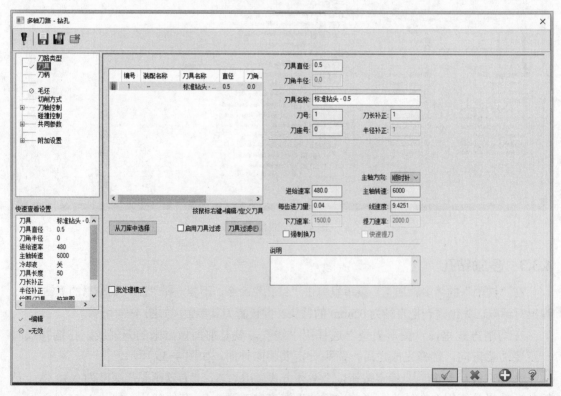

图 4-54　钻头参数设置

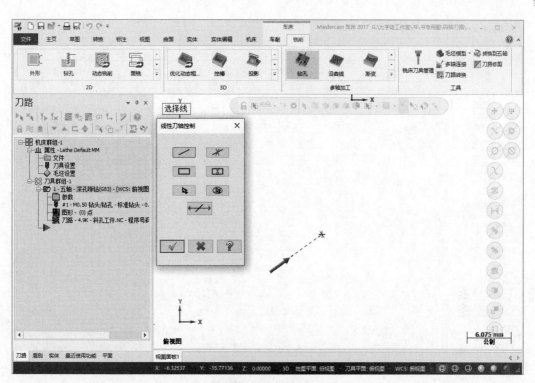

图 4-55　选择线

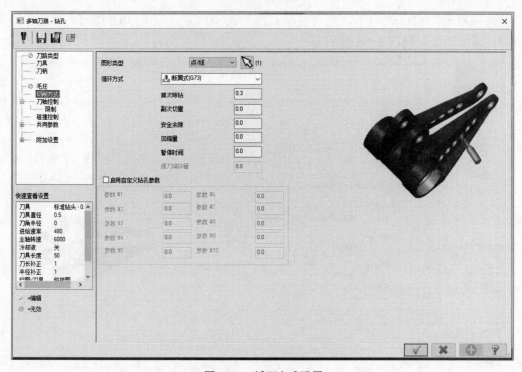

图 4-56　循环方式设置

在"刀轴控制"里"输出方式"一定要选"5 轴","轴旋转于"设为"X 轴",切削方式选了线之后,在刀轴控制里刀轴自动为线,如图 4-57 所示。

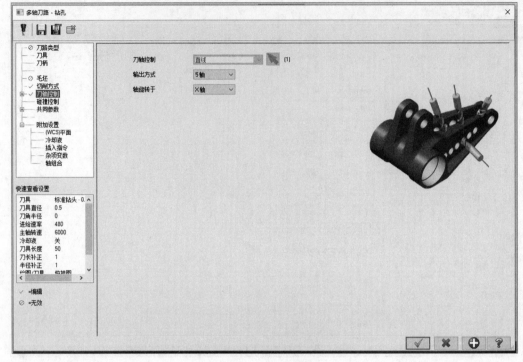

图 4-57　刀轴控制设置

"共同参数"也修改一下,把"安全高度"改小一点,设为 50.0 即可,"进给"设为 0.5,其他默认,如图 4-58 所示。

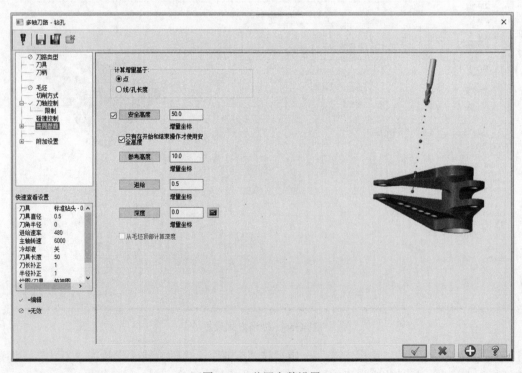

图 4-58　共同参数设置

完成后单击 ☑️ 确定按钮并生成刀路，如图 4-59 所示。

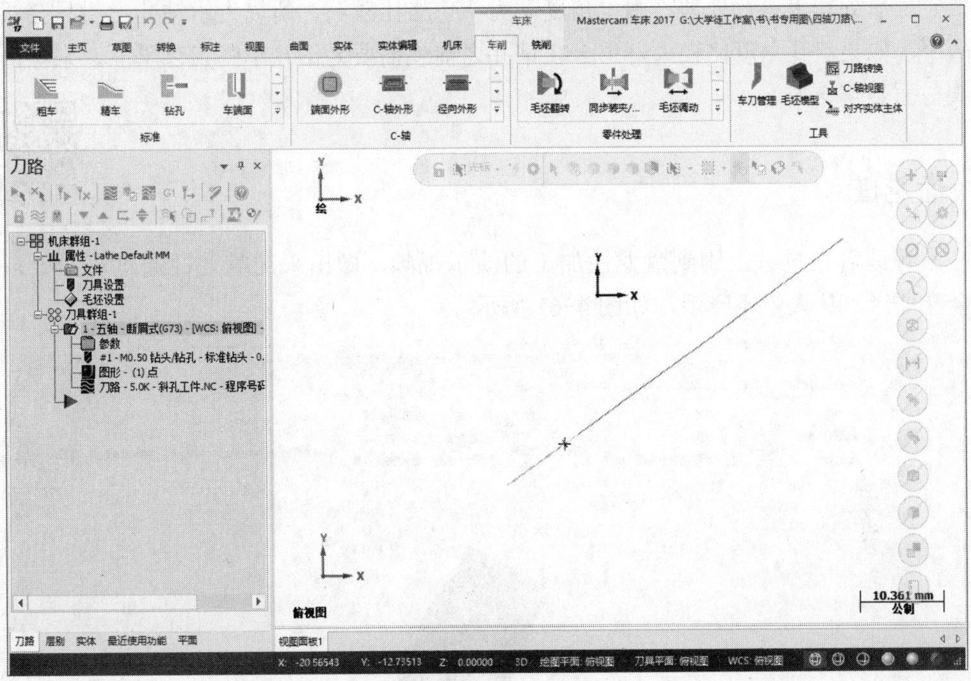

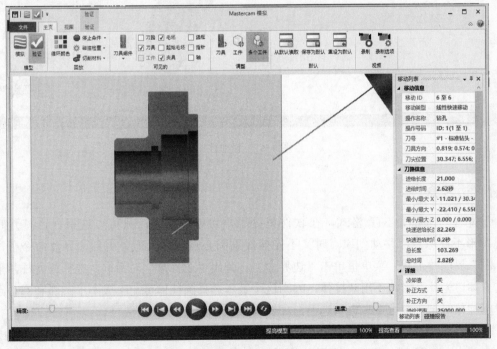

图 4-59  钻孔刀路

为了方便模拟，直接选择工件作为毛坯，然后再实体验证。在实体验证时，可以在验证界面，截面菜单里选择 XY 平面俯视图，如图 4-60 所示。

图 4-60  实体验证

刀路完成后，就是后处理出来上机，但默认的后处理出来的程序里 Z 值是相反的，所以需要定制后处理来进行处理。由于角度动力头价格比较高，所以为了钻孔一般只会买一个或者两个，如果斜孔角度比较大，那么在钻孔之前就需要为钻孔车削工艺平面，来保证钻孔时钻头与面是正交形态。

## 4.4 盘龙柱

扫一扫看视频

经常有读者在抖音上刷到盘龙柱加工的演示视频，做出来的盘龙柱通过表面处理后，变得金光灿烂，让人爱不释手，如图 4-61 所示。

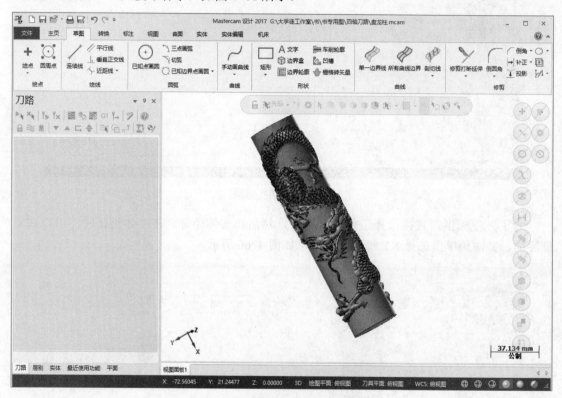

图 4-61　盘龙柱

### 4.4.1 边界盒

盘龙柱一般都是 STL 格式，在软件里处于不可编辑状态，只可以选择。当打开时会发现图形不在原点，移动到原点时又不能捕捉到圆心点。这就需要用到边界盒命令了，在"草图"界面"形状"菜单里单击"边界盒"，弹出"边界盒"对话框，选择盘龙柱，形状用立方体，为什么形状不用圆柱体，因为这个版本选择圆柱体可能生成不了圆弧和圆心点，创建圆柱体时把"中心点"也勾选上，如图 4-62 所示。

单击✅确定按钮后就生成了线框和中心点，这样就可以通过移动到原点命令将盘龙柱移动到原点，如图 4-63 所示。如果移动到原点后，视图和平面不对，就用旋转和 3D 平移。

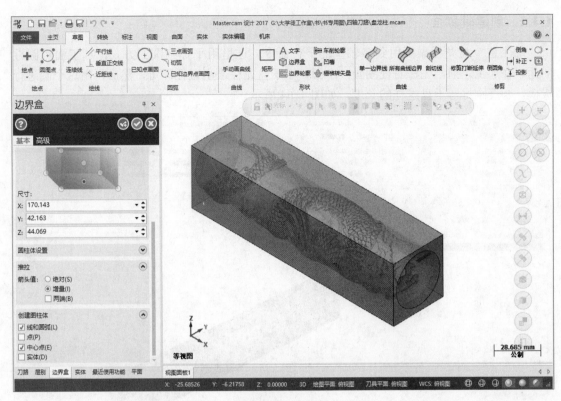

图 4-62　边界盒

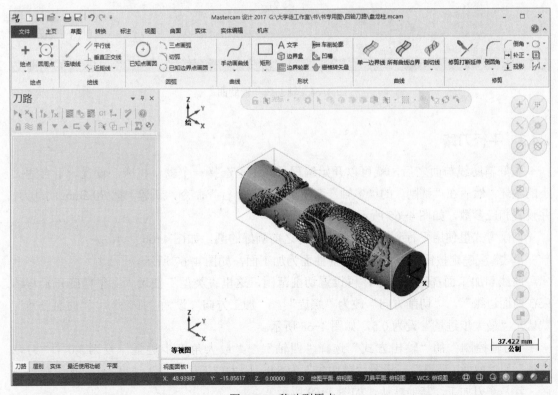

图 4-63　移动到原点

### 4.4.2　创建辅助面

加工这个盘龙柱需要用到多轴里的平行命令。这里用平行到圆的方式，加工面用圆柱曲面。在加工之前，先在右视图画一个圆，小于盘龙柱最小直径即可，然后再用这个圆进行拔模，长度刚好等于盘龙柱的长度，如图 4-64 所示。

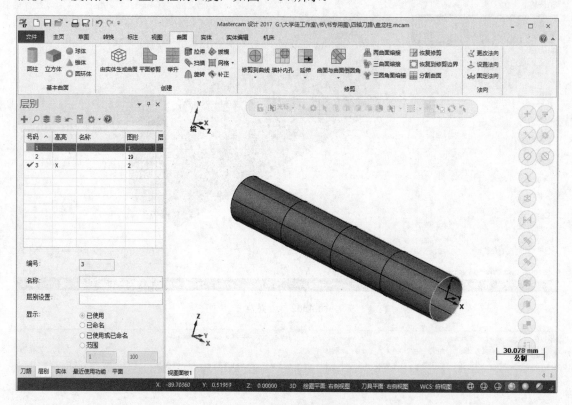

图 4-64　辅助线和辅助面

### 4.4.3　平行刀路

做好辅助线与面之后，就可以开始编程了。这里选择一个默认机床，设置一下合适大小的毛坯，然后在"铣削"的"多轴"菜单里单击"平行"命令，新建一把 $R0.5\text{mm}$ 的球刀，并设置相应参数，如图 4-65 所示。

切削方式里使用平行到曲线，然后选择之前画好的圆，如图 4-66 所示。

单击 ☑ 确定按钮后，再选择之前曲面为加工面，如图 4-67 所示。

曲线和加工面都选择好了，再设置切削范围，这里"类型"使用"完整精确开始与结束在曲面边缘"，"切削方向"改为"螺旋"，"加工方向"设为"顺铣"，"曲面公差"默认，"最大步进量"设为 0.5，如图 4-68 所示。

"刀轴控制"的"输出方式"选择"四轴"，"最大角度步进量"设为 3.0，"刀轴控制"用"曲面/调整"，设置"前倾角"为 5.0，因为球刀底部加工速度为 0，加了前倾角后，就是侧刃加工，其他默认，如图 4-69 所示。

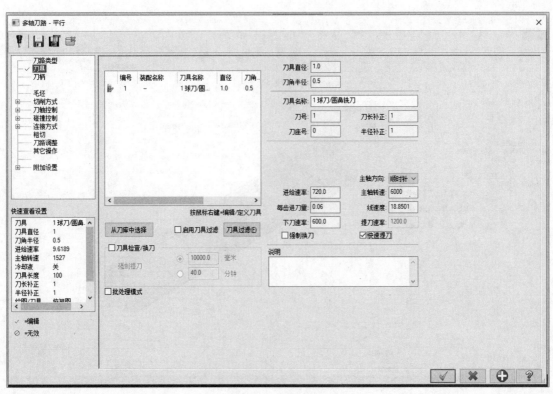

图 4-65　新建刀具

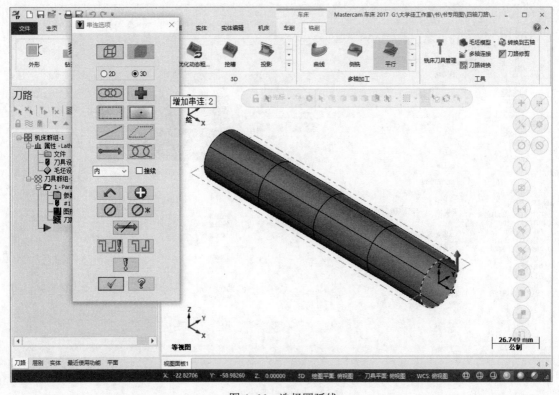

图 4-66　选择圆弧线

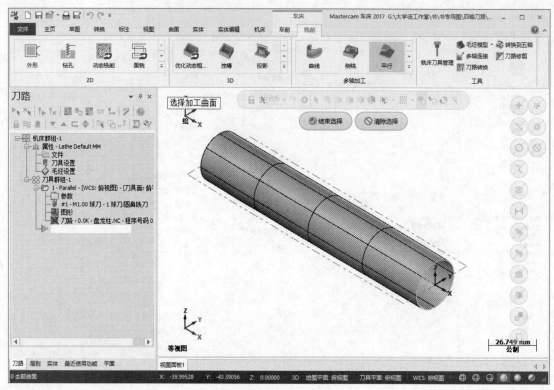

图 4-67　选择加工面

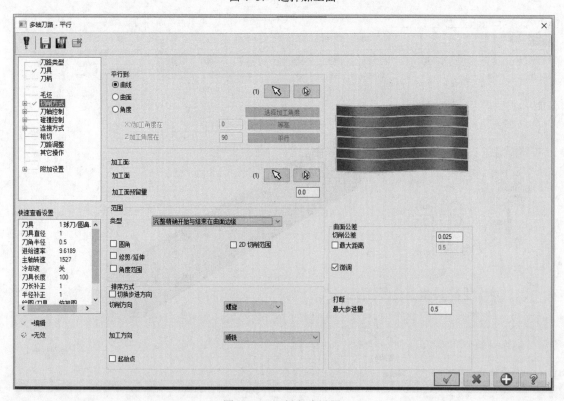

图 4-68　切削方式设置

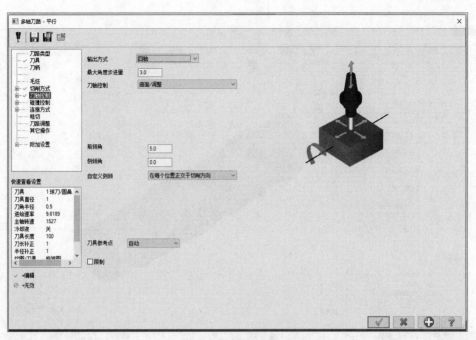

图 4-69　刀轴控制设置

## 4.4.4　碰撞控制设置

下面设置"碰撞控制"，"策略与参数"选择"提刀"，"提刀"方式为"沿刀轴"，勾选"干涉面"（"加工面"已默认勾选），然后选择盘龙柱作为干涉体，公差默认，如图 4-70、图 4-71 所示。

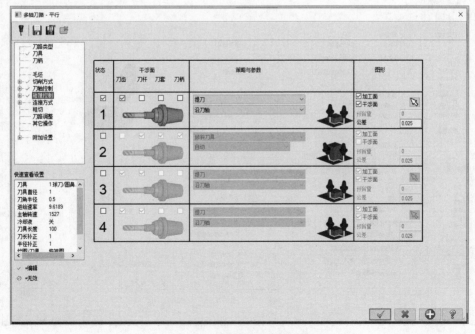

图 4-70　碰撞控制参数设置

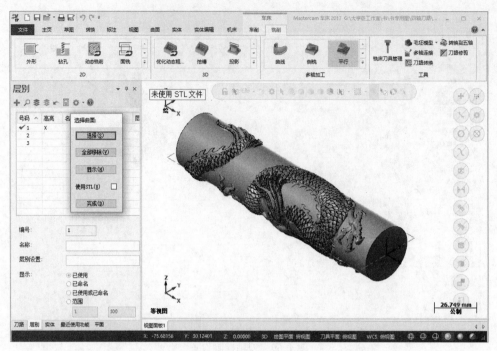

图 4-71　选择干涉体

### 4.4.5　连接方式设置

"转接方式"也要设置，"进/退刀"的"开始点"与"结束点"默认为安全高度，使用切入/切出，其他默认，如图 4-72 所示。

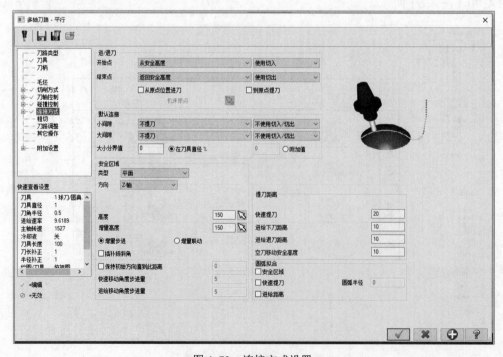

图 4-72　连接方式设置

　　单击"连接方式"前面的"+"号，设置"默认切入 / 切出"，设"切入"下的"类型"为"垂直切弧"、"宽度"为 5.0、"长度"为 5.0，然后复制到"切出"，如图 4-73 所示。

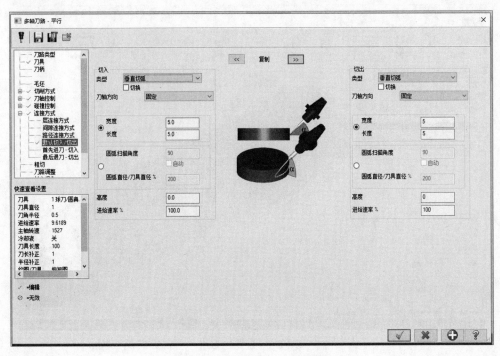

图 4-73　默认切入 / 切出设置

　　然后在平面里看一下，所有平面是否都是"俯视图"，如图 4-74 所示。

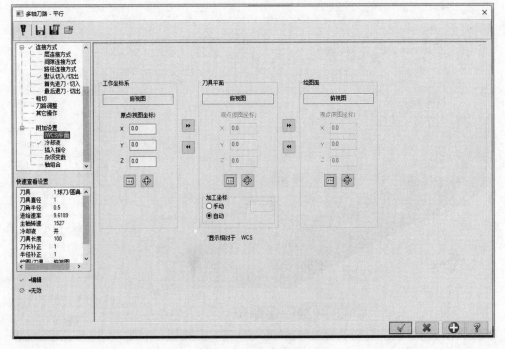

图 4-74　平面设置

完成上述设置后，单击 ☑️ 确定按钮并生成刀路，如图 4-75 所示。刀路在生成的过程中，如果计算机配置不太好，或者步进量给得太小，计算时间会比较长，可耐心等待一下。

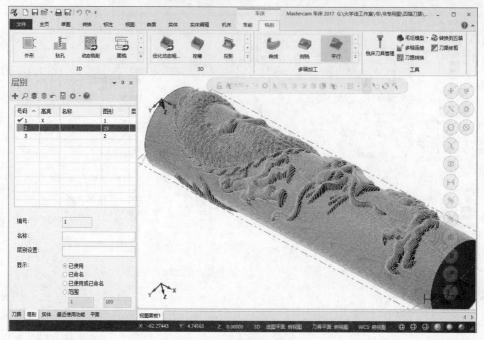

图 4-75　盘龙柱刀路

## 4.4.6　实体验证

进行实体验证，如图 4-76 所示。

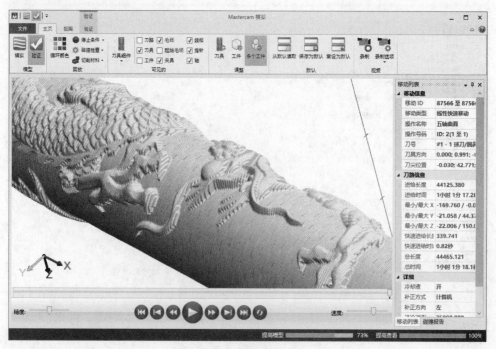

图 4-76　实体验证

## 4.4.7　步进方向调整

通过实体验证，发现表面效果比较粗糙，后面再复制一个相同的刀路，把步进量改得更小一点，如果进刀方向反了，就在切削参数里切换步进方向；如果"加工方向"是"逆铣"，就调整一下加工方向，如图 4-77 所示。

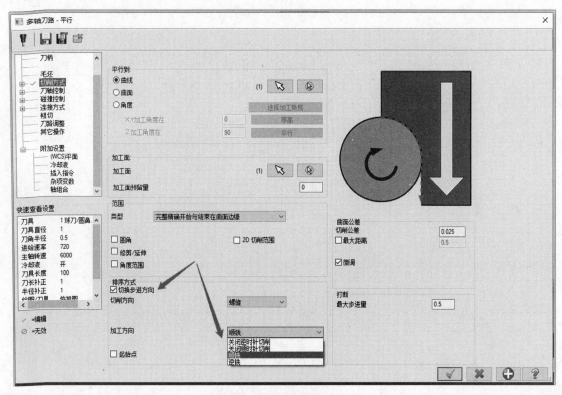

图 4-77　切换步进方向

设置完成后再次单击　确定按钮，重新生成刀路，这样就完成了盘龙柱的编程。盘龙柱是工艺品，没有任何尺寸公差要求，只需要表面效果，用来练习刀路很合适。